Naturwissenschaft und Technik

Wege in die Zukunft

Herausgeber H.-J. Elster

Konstanz

Schriften der Gesellschaft
für Verantwortung in der Wissenschaft e.V.
No. 1

Vorträge gehalten bei der Jahrestagung in Hannover
zum hundertsten Geburtstag von Max Born

E. Schweizerbart'sche Verlagsbuchhandlung
(Nägele u. Obermiller) · Stuttgart 1983

© E. Schweizerbart'sche Verlagsbuchhandlung (Nägele u. Obermiller), Stuttgart 1983
Alle Rechte, auch das der Übersetzung, vorbehalten
Jegliche Vervielfältigung einschließlich photomechanischer Wiedergabe, auch einzelner Teile
und Darstellungen, nur mit ausdrücklicher Genehmigung durch den Verlag
Einbandentwurf: Wolfgang M. Karrasch
Printed in Germany
ISBN 3-510-95001-1

Vorwort

Unser Weg in die Zukunft ist eine schwierige Gratwanderung zwischen Errungenschaften der Technik und übersteigerten Ansprüchen auf der einen sowie Ausbeutung, Erschöpfung und Bedrohung der Natur auf der anderen Seite, zwischen Krieg und Frieden, zwischen Existenzsicherung und Untergang. Welche Wegweiser stehen uns für diese Gratwanderung zur Verfügung? Kann uns die Wissenschaft hierbei helfen oder führt gerade sie uns in den Abgrund?

Als Protest gegen die Atombombe und gegen den Mißbrauch der Technik zum Schaden der menschlichen Gesellschaft wurde nach dem 2. Weltkrieg durch Viktor Paschkis in den USA eine „Society for Social Responsibility in Science" gegründet, die auch Albert Einstein lebhaft befürwortete. In Deutschland entstand bald darauf die entsprechende „Gesellschaft für Verantwortung in der Wissenschaft e. V." (GVW) unter starker Anteilnahme des deutschen Physikers und Nobelpreisträgers Max Born.

Zum Gedenken an den 100. Geburtstag ihres früheren Mitgliedes Max Born hielt die GVW am 11. und 12. Dezember 1982 eine Tagung ab unter dem Gesamtthema „Verantwortung in Wissenschaft und Technik", zu deren Beginn Eduard Pestel für seine Verdienste, u.a. im „Club of Rome", durch die Verleihung der von der GVW gestifteten „Max-Born-Medaille" geehrt wurde. Die meisten der auf dieser Tagung in Hannover gehaltenen Vorträge sind in diesem Band in etwas überarbeiteter Form wiedergegeben.

Die ausführlichen Grußworte des niedersächsischen Ministerpräsidenten Dr. E. Albrecht wurden frei ohne Manuskript gesprochen und fehlen daher hier. Es sei nur erwähnt, daß er u.a. die Gefahr andeutete, die Wissenschaft würde zur Dienstmagd von Ideologien und habe an Autorität verloren, da Experten bei gesellschaftlich relevanten Fragen oft gegensätzliche Gutachten abgeben. Hierzu ist jedoch zu bemerken, daß Wissenschaftler, welche als Gutachter ideologische Ansichten über das Streben nach Wahrheit stellen und dadurch das Berufsethos des Wissenschaftlers verletzen, im Kreis der „Scientific community", der internationalen wissenschaftlichen Gemeinschaft, schnell geächtet werden und Ausnahmen darstellen dürften. Für unsere gesamte Zukunft schwerwiegender ist jedoch, daß infolge der Spezialisierung und Zersplitterung der Wissenschaft gerade der Experte fast immer nur einen kleinen Teilbereich der stets komplexen öffentlichen Probleme fachlich übersehen kann, daß die Experten verschiedener mit dem Problem verknüpfter Fachgebiete daher untereinander zu abweichenden Perspektiven und Urteilen kommen, und der Politiker oder die Öffentlichkeit dadurch verwirrt wird. Hier zeigt sich bereits die dringende Notwendigkeit, über neue Wege der Koordination im Gebiet der Wissenschaft und unseres gesamten Bildungswesens nachzudenken.

Auch die in diesem Band enthaltenen Beiträge beleuchten die Problematik der Verantwortung für die Zukunft der Menschheit von verschiedenen Standorten. Verantwortung bezieht sich stets auf die *Folgen* von Entscheidungen, doch kann niemand eine exakte Prognose für die Zukunft stellen, weil wir heute nicht wissen, was wir morgen wissen können, und da echte Innovationen, z.B. geniale Erfindungen, grundsätzlich nicht vorhersehbar sind.

So enthält der 1. Abschnitt dieses Buches 4 Vorträge, welche die Problematik, Geschichte und Praxis der Verantwortung auf breiter Basis behandeln, einschließlich der programmatischen Dankesrede des Preisträgers Eduard Pestel. Schon in diesen Beiträgen wird an konkreten Beispielen gezeigt, daß es für uns keinen Weg in die Zukunft ohne Wissenschaft und Technik geben kann.

Das wird im 2. Teil dieses Bandes untermauert, der die Praxis der Verantwortung in einigen Fachbereichen zum Inhalt hat, wobei jedoch kritische Stimmen unüberhörbar sind.

Im letzten Kapitel schließlich wird die grundsätzliche Frage aufgeworfen nach der Stellung des Menschen als eines der bisherigen Endglieder der Evolution, als dominanter Faktor in der Ökologie der Biosphäre unserer Erde, und nach seiner Verantwortung nicht nur für seine eigenen Überlebenschancen, sondern für die weitere Evolution des organischen Lebens auf unserer Erde überhaupt. Der Mensch ist schicksalhaft zum Mitgestalter der Evolution, bzw. der Schöpfung geworden, aber er ist ein Glied des Ökosystems Erde geblieben und weiterhin den Naturgesetzen unterworfen, auch wenn er sie sich in einem gewissen Rahmen, den er erkennen muß, nutzbar macht.

Werden wir diese seit der Entstehung unserer Erde erstmalige und einzigartige Chance einer wirklich final gesteuerten Evolution zu nutzen verstehen, und werden wir den richtigen Kompaß nicht nur als Herren, sondern auch als Diener und Mitglieder der evolutionären Schöpfung finden und ihm folgen können?

Es gibt für diese höchste aller Aufgaben und für den schwierigen Weg in unsere Zukunft keine allen Menschen einsichtige Patentlösung. Wenn aber dieses Heft dazu beitragen kann, möglichst viele Menschen zum Nachdenken über ihren eigenen Beitrag für unser aller Zukunft anzuregen, dann ist sein Zweck erfüllt. Denn nicht nur der Politiker und Gesetzgeber, sondern jeder einzelne von uns ist ein Mitgestalter der Zukunft!

Dem Verlag sei Dank dafür ausgesprochen, daß er trotz der Hochflut von Neuerscheinungen das Risiko dieser Schriftenreihe übernommen hat.

Konstanz, Oktober 1983   Hans-Joachim Elster

Inhaltsverzeichnis

Verantwortung in Wissenschaft und Technik

Vorwort III

Wege in die Zukunft

Sachsse, H.: Handhabung der Verantwortung − Max Born − Eduard Pestel . 1
Pestel, E.: Wege in die Zukunft 11
Cordes, H.: Wissenschaft und Industrialisierung − Zur Verantwortung des Wissenschaftlers 31
Hausner, H. H.: Die Grundlagen der Verantwortung − Das Wesen des Menschen 53

Verantwortung in der Praxis

Knoche, H.-G.: Verantwortung in der Praxis − Industrielle Forschung und Entwicklung 75
Möbius, K.: Verantwortung des Wissenschaftlers in der physikalischen Grundlagenforschung 85
Haupt, W.: Gedanken über die Verantwortung des Biologen 93
Luck, W.: Einleitende Thesen zur Abschlußdiskussion 97

Zukunft des Menschen?

Elster, H.-J.: Evolution, Ökologie und die Verantwortung des Menschen ... 107

Anschriften der Autoren

Professor Dr. H. Cordes
BASF Aktiengesellschaft, D-6700 Ludwigshafen

Professor Dr. H.-J. Elster
Limnologisches Institut der Univ., Postfach 5560, D-7750 Konstanz

Professor Dr. W. Haupt
Institut für Botanik und Pharmazeutische Biologie der Univ.,
Schloßgarten 4, D-8520 Erlangen

Dipl. Ing. H. H. Hausner
Postfach 77, A-7001 Eisenstadt, Österreich

Dr. H.-G. Knoche
MBB (Messerschmitt-Bölkow-Blohm GmbH) Apparate,
Postfach 801149, D-8000 München 80

Professor Dr. W. Luck
Fachbereich 14, Fach Phys. Chemie,
Hans-Meerwein-Str., D-3550 Marburg

Professor Dr. K. Möbius
Institut für Molekülphysik, Fachbereich Physik der FU,
Arnimallee 14, D-1000 Berlin 33

Professor Dr. E. Pestel
Institut für angewandte Systemforschung (ISP),
Königstr. 50 A, D-3000 Hannover 1

Professor Dr. H. Sachsse
Regerstr. 1, D-6200 Wiesbaden

Handhabung der Verantwortung
Max Born – Eduard Pestel

von Hans SACHSSE

Heute vor 100 Jahren wurde Max Born geboren. Im Andenken an den bedeutenden Mann und großen Physiker hat die Gesellschaft für Verantwortung in der Wissenschaft die Max-Born-Medaille gestiftet. Wir wollen den heutigen Geburtstag feiern, indem wir diese Medaille einem Manne verleihen, der im Sinne Borns für die Verantwortung in der Wissenschaft weiter gearbeitet hat, Herrn Eduard Pestel. Die Aufgabe meines Referates heute ist es, von Born zu Pestel den Bogen bei der Handhabung der Verantwortung zu spannen.

Max Born begann sein Studium in seiner Geburtsstadt Breslau und ging 1902 nach Göttingen, wo er promovierte und sich habilitierte. 1915 holte ihn Planck nach Berlin und 1919 wurde er als Ordinarius nach Frankfurt berufen. 1921 kam er schließlich mit seinem Freund und Altersgenossen James Franck wieder nach Göttingen. Es begann in diesen Jahren in Göttingen eine große Zeit für die Physik. An der Universität, die einige Tausend Studenten hatte, waren Spitzenvertreter ihrer Fächer in gemeinsamer Arbeit versammelt, Pohl mit Experimentalphysik, Hilbert und Courant mit Mathematik, Goldschmidt mit Geochemie und Born mit seinen Assistenten Jordan und Heisenberg. In der Weimarer Zeit stand Deutschland an der Spitze der Forschung, in diesen Jahren wurden acht Nobelpreise in Chemie und sechs in Physik an Deutsche verteilt. Im geistigen Austausch mit Niels Bohr in Kopenhagen wurde in Göttingen die Quantenmechanik entwickelt und auf klare mathematische Gestalt gebracht. Die Quantenmechanik war eine esoterische Wissenschaft, sie zu verstehen forderte einen Umbruch im Denken und kostete harte Anstrengungen. Für die Beteiligten war es eine glückliche Zeit. Die Entdeckerfreude beflügelte sie und das gemeinsame Interesse stiftete herzliche menschliche Beziehungen. Born hat für die statistische Deutung der Quantenmechanik den Nobelpreis erhalten.

Diese fruchtbare Zeit fand 1933 ein jähes Ende. Born, der jüdischer Herkunft war, wurde wie viele seiner Kollegen von den Nationalsozialisten in den Ruhestand versetzt. Er emigrierte nach England und war nach einem Zwischenaufenthalt in Indien 18 Jahre lang Professor in Edinburgh. 1954 kehrte er nach Deutschland, das er als seine Heimat nicht vergessen hatte, zurück und lebte zurückgezogen in Bad Pyrmont.

Mit dem Krieg und mit der Atombombe ist den Physikern die politische Tragweite ihrer Wissenschaft und ihre ungeheure Verantwortung zum Bewußtsein gekommen. In den Vereinigten Staaten entstand die SSRS, die Society for Social Responsibility in Science, von der unsere Gesellschaft für Verantwortung in der Wissenschaft als Ableger abstammt. Born ist früh beigetreten. Es hat ihn tief getroffen, daß dasjenige Wissensgebiet, dem er seine ganze jugendliche Liebe und Tatkraft mit so großem Erfolg gewidmet hatte, diese grausame und schreckliche Bedeutung erhalten hatte. Er hat die Last der Verantwortung, die seine Lebensarbeit auf einmal in einem anderen Licht erscheinen ließ, erlitten. Wo er konnte, hat er sich in der Öffentlichkeit für den Frieden eingesetzt. Die Erklärung der 18 Atomphysiker gegen die Verwendung von Atomwaffen vom 12.4.1957 trägt mit seine Unterschrift. Aber die Verantwortung hat auf seinen Schultern gelastet und hat ihn an der menschlichen Natur fast verzweifeln lassen. In einer Arbeit zwei Jahre vor seinem Tode schreibt er, es scheine ihm, daß der Versuch der Natur, auf dieser Erde ein denkendes Wesen hervorzubringen, gescheitert sei (Born 1968: 270), „Die politischen und militärischen Schrecken sowie der vollständige Zusammenbruch der Ethik, deren Zeuge ich während meines Lebens gewesen bin, sind kein Symptom einer vorübergehenden sozialen Schwäche, sondern eine notwendige Folge des naturwissenschaftlichen Aufstiegs – das an sich eine der größten intellektuellen Leistungen der Menschheit ist" (Born 1968: 276). Born schreibt, dies sei keine Prophezeiung, sondern ein Alpdruck. Er hoffe, daß seine Überlegungen falsch seien. Mit solcher Hoffnung, der rationalen Überlegung zum Trotz, ist dieser gerechtdenkende und gütige Mensch gestorben. Wir wollen sehen, wie Verantwortung zu handhaben ist, und ob diese Handhabung seither der Hoffnung einen größeren Raum gibt.

Wie ist Verantwortung beschaffen? Sie wird ebenso gesucht wie geflohen. Ein jeder wünscht sich, daß er verantwortliche Entscheidungen treffen kann. Dem Einstehen für die Verantwortung gehen aber die meisten Menschen gerne aus dem Wege. Die Verantwortung ist an drei Voraussetzungen gebunden:

1. Verantwortung trägt nur derjenige, der Ursachen setzt, der Entscheidungen trifft, die Folgen haben, so daß man ihn fragen kann: Warum hast Du das getan, hast Du das bewirkt?

2. Diese Entscheidungen müssen frei sein. Der Betreffende darf nicht gezwungen sein. Sonst setzt er keine neuen Ursachen, sondern ist nur ein Zwischenglied in einer Kausalkette.

3. Der Betreffende muß die Folgen vorhersehen können. Niemand ist verantwortlich für etwas, was er nicht wissen konnte.

Zur dritten Voraussetzung ist zu beachten, daß nicht der Wissensbesitz, sondern das zumutbare Wissen entscheidend ist. Der Entschuldigung: „Ich habe es nicht gewußt", wird man oftmals entgegenhalten: „Das ist Deine Schuld, Du hättest es wissen können." Weil wir Einfluß auf den Inhalt unseres Bewußtseins haben, kann man jemanden auch Vergeßlichkeit und Fahrlässigkeit zum Vorwurf machen. An der Frage des Wissenskönnens entzündet sich das moderne Problem der Verantwortung, da die Folgen technischen Handelns einerseits immer gewichtiger werden, andererseits aber auch immer schwerer übersehbar. Im klassischen Sinne war die Verantwortung das Geradestehen für die Vergangenheit.

Das war eigentlich eine moralische Selbstverständlichkeit, und die Verantwortung gehört daher auch nicht zu den Kardinaltugenden. Heute ist zu verantworten, was in Zukunft sein wird, in einigen Jahren, in Jahrzehnten und auch in Jahrhunderten. An die Stelle der retrospektiven ist die projektive Verantwortung getreten. Insbesondere Jonas (1979) hat auf die Zukunftsorientierung der Verantwortung hingewiesen. Diese Prognostik ist nahezu unmöglich, andererseits aber erforderlich. Das ist das Problem der Verantwortung heute. Wie werden wir damit fertig?

Man wird noch fragen: Wem haben wir überhaupt Antwort zu geben, wem sind wir verantwortlich? Der Christ weiß sich Gott verantwortlich, die säkularisierte Ethik sagt, jeder ist seinem Gewissen verantwortlich. In der Tat ist das Gewissen die letzte Instanz für die Verantwortung, aber sein privater Charakter erschwert die öffentliche Handhabung. Der Begriff der Verantwortung läßt sich mit einiger Bestimmtheit nur im Rahmen eines bestimmten gesellschaftlichen Organisationsgefüges verwenden. Es muß begriffliche Klarheit bestehen, wer für was verantwortlich ist und wem er Rede zu stehen hat, der Behörde, wirtschaftlich-technischen Kontrollorganen, der Öffentlichkeit, den Mitarbeitern, seinen Kindern und wem es sonst sei. Wenn einem nicht solcherart gewissenhaft Verantwortung zugerechnet und begrenzt wird, ist man auch nicht in der Lage, sie gewissenhaft wahrzunehmen. Insbesondere hebt eine Überforderung der Verantwortung die Verantwortung wieder auf: Wer für alles verantwortlich sein soll, ist praktisch für nichts verantwortlich. Wir wollen nun im folgenden die Frage untersuchen, wer im besonderen verantwortlich ist, wie er diese Verantwortung wahrnehmen kann und für was er verantwortlich ist.

Verantwortlich für die technische Entwicklung sind alle, die im technischen Leben Entscheidungen treffen, die Chemiker, Physiker, Biologen und Ingenieure sowie die Entscheidungsträger in Verwaltung und Politik. Dabei hängt die Verantwortung vom Informationsstand der Betreffenden ab, und der Informationsstand einer Position hängt wieder von ihrer Funktion ab. Für die Placierung der Schaltstellen für Entscheidungen in biologischen Systemen hat die Natur ein Prinzip entwickelt, das auch für technische Großorganisationen Vorbild sein kann, es lautet: So peripher wie möglich und so zentral wie nötig. Die Entscheidungen sollen tunlichst auf der Ebene gefällt werden, auf der sie anfallen. Die Außenstelle besitzt die detaillierteste Information über den Sachverhalt. Allerdings wird ihre Kompetenz überschritten, wenn andere Bereiche mitbetroffen sind, dann muß das Problem zu einer zentraleren Stelle weitergereicht werden, bei der die Informationen aus mehreren Teilbereichen zusammenlaufen. Dabei kann die Information aber nur in verdichteter, abstrahierter Form weitergereicht werden. Zur Zentrale hin nimmt die konkrete Wirklichkeitsnähe ab, die Vielseitigkeit jedoch zu. Beim menschlichen Organismus sieht das so aus, daß etwa eine Milliarde bit pro Sekunde eintreffen, von denen nur 100 bit, der zehnmillionste Teil, bis zur bewußten Entscheidung des Großhirns vordringen, alle anderen werden von der Hierarchie der zwischengeschalteten Schaltstellen als unbewußte Reaktionen mehr oder weniger peripher verarbeitet. Das Prinzip hat sich in der

Industrie bewährt, jeder Bereich hat dort Verantwortung, wo er sich am besten auskennt. Die Entscheidungen über die personelle Erneuerung und Vergrößerung werden nach demselben Prinzip gehandhabt wie alle anderen Entscheidungen, die zentralen Stellen bestimmen die Besetzung der peripheren. Das ist das Kooptionsprinzip, das Prinzip von der Zuwahl der Nachfolger. Nach diesem Prinzip verfahren unsere Industrieeinheiten ebenso wie die sozialistischen Staaten mit ihrem „demokratischen" Zentralismus. Das Prinzip sichert die Stabilität der Institutionen, aber man fragt sich, wer die oberen Stufen kontrolliert. Bei den westlichen Betrieben unterliegen die Spitzenpositionen der Kontrolle durch den Wettbewerb, die auch von Einfluß auf das Betriebsklima ist; man nennt das laterale Kontrolle. Sie ist besonders wirksam, da sie unabhängig von allen Deutungen und Interpretationen sich präverbal allein nach den Fakten richtet, so daß der Verlust der Transparenz, der so viele Schwierigkeiten verursacht, hier keine Rolle spielt. Ferner gibt es umfangreiche Veröffentlichungsverpflichtungen, über die auf der Hauptversammlung Rede zu stehen ist, und es gibt das Arbeitsgericht und zahlreiche andere gesetzliche Regelungen. Demgegenüber ist das östliche System ein monolithischer Block, der keine Kontrolle anerkennt.

Die nächste Frage lautete, wie Verantwortung wahrzunehmen ist. Die Überlegungen haben gezeigt, daß das nicht nur ein ethisches, sondern auch ein diffizil organisatorisches Problem ist. Wir können dieses komplexe technisch-wirtschaftliche System nur in den Griff bekommen, wenn wir sorgfältig klären, wer für was verantwortlich ist und ob die zur Verantwortung Berufenen auch über die Voraussetzungen zur Verantwortung verfügen. Hier ist zu bedenken, daß es zahlreiche Methoden gibt, um Verantwortung zu verschleiern und zu verwischen. Die Menschen entscheiden zwar gern, stehen aber meist sehr viel weniger gern für ihre Entscheidungen ein. Die Flucht vor der Verantwortung kann die verschiedensten Formen annehmen. Da werden Zuständigkeiten abgelehnt, Entscheidungen werden an Ausschüsse, an Kommissionen verwiesen, in den Bürokratien bilden sich ganze Strategien zur Verschiebung der Verantwortung heraus, so daß letztlich Entscheidungen herauskommen, von denen man nicht mehr sagen kann, wer sie getroffen hat. Bisweilen sind sie das Ergebnis von jeweilig situationsbedingten Meinungsgruppierungen, bisweilen sind sie aus dem Hintergrund manipuliert. Für diejenigen, welche die Macht erstreben, ohne erkannt zu werden, ist diese Entscheidungsfindung besonders erwünscht.

Eine Verunklärung der Verantwortung liegt auch vor, wenn Entscheidungen an Personen herangetragen werden, denen die adäquate Information fehlt. Ohne hinreichende Kenntnis des Sachverhalts zu entscheiden, ist fahrlässig und verantwortungslos. Wenn dem Bürger heute, da er mündig sei, Entscheidungen aufgebürdet werden, die den Fachleuten größte Schwierigkeiten bereiten, so ist das keine Erziehung zur Verantwortung. Unklar ist auch der Begriff der kollektiven Verantwortung. Wenn eine Gruppe von Menschen erklärt, daß sie die Verantwortung für eine Entscheidung gemeinsam übernehmen, so kann dies nur bedeuten, daß jeder einzelne von ihnen aufgrund seiner Information und seines Gewissens die Verantwortung übernimmt. Denn sein Gewissen hat jeder allein. Eine Verantwortung aufgrund bloßer Zugehörigkeit zu einer Gruppe gibt es nicht. Das würde den Begriff der Verantwortung von dem der Schuld ablösen und ihm seine ethische, aber auch seine reale Bedeutung nehmen. Weil es keine erschöpfende Erkenntnis gibt, die auf dem Wege der Berechnung für die Verwirklichung des Möglichen nur einen Weg aufweist, bleibt auch unter Berücksichtigung aller Umstände immer noch ein Spielraum offen, der nach einer ethischen Entscheidung verlangt, nach einer Entscheidung nach bestem Wissen und Gewissen.

Wir kommen zu unserer letzten Frage: Für was ist der Mensch heute verantwortlich? Die alarmierende Antwort lautet: für seine Existenz. Wir müssen der Tatsache ins Auge sehen, daß unsere künftigen Lebensverhältnisse in sehr viel stärkerem Maße von der Entwicklung der Technik abhängen werden als bisher, daß Fehlentwicklungen auf dem Gebiet der Militärtechnik, der Pharmakologie, der Gentechnologie, der Informatik und der Energietechnik zu entwürdigenden Lebensbedingungen und auch zum Aussterben der Menschheit führen können. Das ist die ungeheure Herausforderung der Technik an die Ethik, an die Verantwortung heute.

Nun gibt es gegen die ethische Qualität der Verantwortung einen Einwand, mit dem wir uns auseinandersetzen müssen. Es wird eingewendet, daß es der Verantwortungsethik nicht um das Gute um seiner selbst willen gehe, sondern nur um das Interesse an der Verwirklichung von Gütern, wie es ja in der Güterabwägung offensichtlich zum Ausdruck komme. Das sei ein Nützlichkeitsdenken, ein Utilitarismus, aber keine eigentlich ethische Gesinnung. Als sittlich gut könne man nur den guten Willen bezeichnen. Ein hervorragender Vertreter dieser Gesinnungsethik, der einen prägenden Einfluß auf das gesamte moderne ethische Denken ausgeübt hat, ist Immanuel Kant. Er schreibt: „Es ist überall nichts in der Welt ..., was ohne Einschränkung für gut gehalten werden könnte als der gute Wille." „Der gute Wille ist nicht durch das, was er bewirkt ... sondern allein durch das Wollen, d.i. an sich gut." „Wenn bei seiner größten Bestrebung dennoch nichts von ihm ausgerichtet würde ... so würde er wie ein Juwel doch für sich selbst glänzen als etwas, das seinen vollen Wert in sich selbst hat" (Kant: BA, 1, 3).

Diese Gesinnungsethik ist vielfach ein Zeichen von hohem, verinnerlichtem ethischen Bewußtsein. Bei zahlreichen Menschen steht sie hoch im Kurs. Aber es muß einmal ausgesprochen werden: sie leitet uns in die Irre. Angesichts der Aufgaben, denen die Menschheit heute gegenübersteht, ist diese Haltung unzureichend, sie ist bedenklich, um nicht zu sagen gefährlich. Es gibt ebenso theoretische wie praktische Einwände gegen die Gesinnungsethik. Zunächst das Grundsätzliche: Kann es ein ernsthaftes Ziel sein, gut sein zu wollen? Die Güte einer Handlung ist eine Eigenschaft, eine Qualität, nicht aber ihr Inhalt. Das Gute an sich ist ein abstrakter Begriff, das gibt es so wenig, wie es das Schwarz oder das Rot gibt, es gibt nur Personen, die gut sind, und zwar darum, weil sie Gutes tun. Gut sein zu wollen ist pharisäerhaft, das das Merkmal des Handelns statt seines Inhaltes zum Ziel gesetzt wird.

Die Gesinnungsethik ist individualistisch. Sie betrifft genau genommen gar nicht die zwischenmenschlichen Beziehungen, da es ja — wie Kant ausdrücklich sagt — auf das, was der gute Wille bewirkt, gar nicht ankommt. Es geht vielmehr nur um das eigene Seelenheil. Aber kann das logischerweise Ziel des ethischen Strebens sein? Ist das nicht egozentrisch gedacht, verfehlt nicht gerade derjenige dieses Ziel, der mit allen Kräften gut sein will, und wird das Heil nicht dem geschenkt, der gut ist, ohne acht darauf zu haben, wie gut er nun ist? Moralität kann sich nicht selbst zum Ziel haben. Scheler hat einmal anschaulich gesagt, daß die Wertqualitäten auf dem Rücken der Handlung sitzen. Der Individualismus der Gesinnungsethik paßt nicht zu unseren sozialen Lebensbedingungen. In dem Netz technischer Zivilisation leben wir heute in einem Gefüge gegenseitiger Abhängigkeiten. Es geht daher darum, sich der sozialen Bindung und Gebundenheit bewußt zu werden. Die Gesinnungsethik betrachtet nur den Täter, nicht aber die Betroffenen, und sie entlastet ihn, wenn er es gut gemeint hat. Aber reicht das Gut-gemeint-Sein aus, damit etwas wirklich gut ist? Idealisten haben schon viel Unheil auf der Welt angerichtet bis zur Gewalttat und zum Terror. Gesinnungsethik verführt allzu leicht zu individuellen Verirrungen. Mit Gesinnungsethik läßt sich alles rechtfertigen. Und genau genommen entzieht sich die Gesinnung überhaupt der Beurteilung. Dieses Urteil sollte man Gott dem Herrn überlassen. „Urteilt nicht, damit ihr nicht verurteilt werdet", heißt es in der Bibel. Aber die Folgen einer Tat kann der Mensch mehr oder weniger gut voraussehen, und dazu hat er seinen Verstand und soll ihn auch verwenden.

Nun wird eingewendet, das Bedenken der Folgen sei gar keine ethische, sondern eine kognitive, intellektuelle Aufgabe, und der Mensch könne nicht für den Besitz seiner Intelligenz verantwortlich gemacht werden. So schreibt Kant in seiner Sittenlehre, „daß es keiner Wissenschaft und Philosophie bedürfe, um zu wissen, was man zu tun habe" (Kant, BA, 21). „Was ich zu tun habe — heißt es — damit mein Wollen sittlich gut sei, brauche ich gar keine weitausholende Scharfsinnigkeit. Unerfahren in Ansehung des Weltlaufs, unfähig, auf alle sich ereignenden Vorfälle desselben gefaßt zu sein", kann ich doch wissen, wie ich in Übereinstimmung mit dem Sittengesetz zu handeln habe. (a.a.O.; BA, 20). Demgegenüber reicht die ethische Forderung der Verantwortungsethik weiter: Sie verlangt zwar nicht den Besitz der Intelligenz, jedoch ihren zumutbaren Gebrauch. Das ist die neue Dimension des Verantwortungsbegriffes heute, daß die Anstrengung um das Verständnis, um das Bewußtwerden der Zusammenhänge, in denen wir wirken und handeln, zu einer ethischen Forderung wird. Das ist keine Überforderung, denn verlangt wird es von jedem nur im Rahmen des gegebenen Vermögens, nach bestem Wissen und Gewissen, wie man sagt. Aber die ethische Forderung nach intellektueller Arbeit ist gestellt. Das bedeutet nun keineswegs, daß es bei der Verantwortungsethik auf den guten Willen nicht ankäme, daß er sich durch die Intelligenz ersetzen ließe. Der gute Wille ist immer die notwendige Bedingung für gutes Handeln, denn intelligent ist ja auch der Teufel. Aber der gute Wille ist eben nicht hinreichend. Und besonders heute, angesichts der weitläufigen räumlichen und zeitlichen Vernetzung der Handlungsketten, erhält die Forderung nach „weitausholender Scharfsinnigkeit" im Gegensatz zu Kant ihr volles

Gewicht. Aber im Grunde ist sie alt, der moderne Individualismus der Gesinnungsethik hat sie nur in den Hintergrund gedrängt. Die Bemühung um die bewußte Teilnahme am Ganzen gehört seit Plato zu den Kardinaltugenden. Er nennt die Weisheit, sophia, und die Klugheit, die Besonnenheit, sophrosyne, als Eigenschaften, die uns nicht geschenkt sind, sondern als Tugenden, die Ziel sittlicher Anstrengung sind. Der Ethik geht es nicht primär um das Ich, ihre Funktion ist die Regelung der Beziehungen zu dem Gegenüber. Ethisch gut muß daher bedeuten: gut in bezug auf die Betroffenen, gut in bezug auf das gesamte Gefüge, in dem wir leben, und nicht nur gut in bezug auf den Täter. Gerade das Zusammenwirken der kognitiven und normativen Komponenten bei der Verantwortung ist das Problem der Ethik heute.

Die konsequente Einbeziehung der Auswirkung und damit der Betroffenen in das ethische Handeln hat nicht nur ethische, sondern auch erkenntnistheoretische Bedeutung. Ich möchte hier einen Ansatz von Eduard Hengstenberg zitieren. Er bezeichnet das sittlich Gute als Sachlichkeit und fährt fort: „Wenn wir von Sachlichkeit als Grundhaltung reden, meinen wir jene Haltung, die sich dem Seienden um des Seienden selbst willen zuwendet ... (Diese) Teilnahme wendet sich dem Seienden in einer Hingabe zu" (Hengstenberg 1969: 33). Dank der Beweglichkeit seiner Vorstellungskraft ist der Mensch in der Lage, sich mit dem anderen als dem anderen zu identifizieren und sich auf dessen Interessen und Tendenzen einzurichten und sich ihm zu öffnen. Das gilt auch für das Seiende in der Natur, für die Tier- und Pflanzenwelt. Aus dieser Idee der Verantwortung folgt auch ein ethisch-treuhänderisch-sorgendes Verhalten gegenüber der Natur und die Überwindung des primitiven Anthropozentrismus, der die neuzeitlichen Moralvorstellungen beherrscht.

Die Verantwortungsethik stellt also durchaus Ansprüche an die geistige Arbeit, denn es kostet Mühe, sich in den anderen, in dessen Denken, in seine Anlage und Bestimmung zu versetzen. Aber sie bringt neben dem ethischen auch den erkenntnistheoretischen Gewinn, da die Anstrengung der hingebenden Öffnung die Erkenntnis erweitert und um die Teilhabe bereichert. Sie schafft die Grundlage für den bewußten Anteil an dem überindividuellen Gefüge unseres heutigen Lebens, die Grundlage für das Verständnis des Fremden. Das Fremdverständnis ist zu einer Existenzbedingung geworden, da sich unsere Welt einerseits in einer unerhörten Weise differenzierend verästelt und andererseits einen immer engeren Zusammenhang globaler Beeinflussung herstellt. Das Verständnis des Fremden ist die Grundlage der Orientierung heute, die Grundlage für das Vertrauen, auf das wir mehr denn je angewiesen sind, weil in dem schwer durchschaubaren System jeder gezwungen ist, sich auf den anderen zu verlassen.

Diese Weise der ethischen Öffnung für das andere, für das Fremde, für das Ganze, hebt die Spannung zwischen der Eigenverantwortung und den Gesetzesstrukturen der Gesellschaft auf. Sie zeigt dem einzelnen seinen Ort, wo er sich gemäß seiner Individualität entwickeln und wo er wirken kann, indem er gleichzeitig aufgrund seiner Spezialisierung der Gesellschaft dient und von ihr getragen wird in einer Gemeinschaft, die auf Ergänzung beruht, auf Ergänzung im Denken, im Wort und in der Tat.

Aus der Verantwortungsethik folgt also die ethische Pflicht, die Folgen des Handelns möglichst genau zu erfassen. In den Vereinigten Staaten wurde 1967 über die Academy of Science eine Institution für Technology Assessment, für Technik-Folgen-Abschätzung geschaffen, die in interdisziplinärer Zusammenarbeit von Naturwissenschaftlern, Technikern, Medizinern, Volkswirtschaftlern und Soziologen die Gesamtfolgen technischer Großprojekte, etwa einer Erdölleitung von Kanada, zu ermitteln hatte. Für die Untersuchung eines solchen Projektes mit seinen Sekundär- und Tertiärfolgen ist eine Gruppe von 6 bis 8 Wissenschaftlern ein bis zwei Jahre tätig. Es wird Wert darauf gelegt, daß diese Institution unabhängig ist von Regierung, Parlament und Wirtschaft. Aufgabe soll nur sein, den Politikern Fachunterlagen zu liefern, um die Entscheidungen zu optimieren. Inzwischen sind die Methoden verfeinert und abgewandelt worden. In Deutschland führen zum Beispiel das Batelle-Institut und das Institut für Systemtechnik und Innovationen in Karlsruhe derartige Untersuchungen im Auftrage von Industrien und Behörden durch. Man ist auch dazu übergegangen, den Bau von Großprojekten kontinuierlich durch Vergleichsgutachten zu verfolgen, um bei den jeweils anstehenden Entscheidungen möglichst richtig zu liegen. Das Neue an diesem Vorgehen ist die interdisziplinäre Einstellung, mit der sich Naturwissenschaftler und Soziologen an einen Tisch setzen.

Ein weiterer wesentlicher Anstoß in dieser Richtung war 1971 das Buch von Jay W. Forrester „System Dynamics", das in deutscher Übersetzung unter dem etwas verzerrenden Titel „Der teuflische Regelkreis" erschienen ist (Forrester 1972). Aufgrund der statistischen Zahlen der Weltwirtschaft der vergangenen Jahrzehnte entwirft Forrester ein Modell für die Zukunftsentwicklung, und er kommt dabei zu dem schwerwiegenden Resultat, daß das Wachstum der Vergangenheit, wenn man es in die Zukunft extrapoliert, zum Zusammenbruch des Wirtschaftssystems führen wird. Er hat sein Modell in Computer eingespeichert und verschiedene Fälle durchgerechnet, aber immer ist das zukünftige Wachstum im Stile der Vergangenheit ausgeschlossen, da die Erde nur endliche Reserven hat und Umweltveränderungen und Industrieabfälle überhand nehmen. Erstmalig war damit darauf hingewiesen und zahlenmäßig überzeugend dargelegt, daß der technische Fortschritt nicht unter allen Umständen wirtschaftlich gut ist, daß er einen Preis kostet, und daß der Preis zu hoch sein kann.

Forresters Arbeiten haben großes Aufsehen und heftige Debatten erregt. Der Klub von Rom, eine internationale Gruppe führender Techniker und Wirtschaftler, hat Forresters Ideen übernommen, und 1972 erschien bereits das Buch von Dennis Meadows „Die Grenzen des Wachstums, Bericht des Klubs von Rom zur Lage der Menschheit". Dieses Buch ist drei Männern gewidmet, Jay W. Forrester, Aurelio Peccei, dem führenden Mann im Klub von Rom, und Eduard Pestel – ich zitiere die Widmung – „dessen wissenschaftliche Initiative und dessen moralische und substantielle Unterstützung erst die unerläßlichen Voraussetzungen für unsere Forschungsarbeit schufen." In der Tat hat Pestel die Forschungsarbeit des

Klubs von Rom maßgebend beeinflußt, wenn nicht geführt. Damit bin ich bei unserem heutigen Jubilar angelangt und will erklären, warum wir ihm die Max-Born-Medaille verleihen.

Eduard Pestel, 1914 in Hildesheim geboren, war 1957 Leiter des Instituts für Mechanik der Technischen Universität Hannover. Seit 1969 ist er Mitglied des Kuratoriums der Stiftung Volkswagenwerk, seit 1977 dessen Vorsitzender. Von 1971 bis 1977 war er Vizepräsident der Deutschen Forschungsgemeinschaft. Seit 1969 gehört er dem Exekutiv-Komitee des Klubs von Rom an. 1977 wurde er als Minister für Wissenschaft und Kunst in das Kabinett Niedersachsens berufen, ein lebendiges Leben an den Schaltstellen der Zeit. Die wissenschaftliche Arbeit des Klubs von Rom trägt seine Handschrift. 1974 erscheint „Menschheit am Wendepunkt, 2. Bericht an den Klub von Rom zur Weltlage", von Mihailo Mesarowić und Eduard Pestel. Der Vergleich der beiden Berichte des Klubs von Rom zeigt die Fortschritte der Modellbetrachtungsmethoden. Der erste Bericht behandelt die Welt als Ganzes und kommt mit dieser globalen Vereinfachung schon zu sehr nachdrücklichen Aussagen. Bei dem zweiten Bericht handelt es sich um ein regionalisiertes Mehrebenenmodell, das der in der heutigen Welt vorhandenen Mannigfaltigkeit Rechnung trägt. Es bildet die Welt als ein System ab, welches aus unterschiedlichen, untereinander abhängigen und sich beeinflussenden Teile aufgebaut ist. Es entspricht der Absicht, sich mit den Weltproblemen konkret auseinanderzusetzen. Das Buch nennt eine große Anzahl internationaler Mitarbeiter und Berater. Es steckt eine ungeheure Arbeit darin, Gott wohnt im Detail.

Pestel hat 1980 zusammen mit sechs Mitarbeitern ein neues Buch veröffentlicht, „Das Deutschland-Modell, Herausforderung auf dem Weg ins 21. Jahrhundert". Die Arbeit entstammt einem Institut für angewandte Systemforschung und Prognose (ISP), das Pestel 1975 in Hannover gegründet hat. Das Werk ist eine konsequente Fortführung der früheren Arbeiten und ein weiterer Schritt ins Detail. Das Deutschland-Modell besteht aus einer Reihe miteinander verkoppelter Teilmodelle, mit denen die Entwicklungen auf den Gebieten der Bevölkerung, Ausbildung, Wirtschaft, Energie und Arbeitsmarkt untersucht sind. Außerdem wird die internationale Verflechtung der Bundesrepublik und ihr Beitrag zum Nord-Süd-Dialog berücksichtigt. Das Buch bringt detailliertes Material und sorgfältige, sachliche Abwägung der vorhandenen Möglichkeiten und Probleme. Die Verfasser kommen zu dem Schluß, daß wir auf eine Weiterentwicklung der Technik angewiesen sind. „Allein der Versuch, den wissenschaftlichen und technischen Fortschritt aufzuhalten" — schreiben sie — „würde sich nicht viel weniger verheerend auswirken als der vollends utopische Versuch, die Technologie wieder abzubauen" (Pestel 1980: 243). Maßstab für den Fortschritt kann allerdings nicht mehr das Bruttosozialprodukt sein. „Notwendig ist vielmehr ein neu zu erfindendes multidimensionales Indikatorsystem, mit dessen Hilfe materielle wie immaterielle Ziele für eine erstrebenswerte Lebensqualität — die sicherlich mit mehr geistigen Werten ausgestattet sein müßte, als das bisher der Fall ist — auch quantitativ formuliert werden können" (Pestel 1980: 244). Hier wie in allen Veröffentlichungen des Klubs von Rom ist darauf hingewiesen, daß eine geistige Umstellung für die Bewältigung des Fortschritts erforderlich ist.

Ich habe Ihnen die eindrucksvolle Entwicklung des Begriffs Verantwortung dargestellt, von der ersten erschütternden Ergriffenheit durch die neuartige Situation bis zur weit angelegten systematischen Arbeit zur sachgerechten Erkenntnis der Folgen des Handelns. Um die Prognostik hat sich neben dem Klub von Rom noch manch andere Institution bemüht, allerdings nicht in so grundsätzlicher Beziehung. Wir kommen nun auf die eingangs gestellte Frage zurück: Festigt die groß angelegte Handhabung der Verantwortung die Hoffnung, daß die Menschheit die durch Wissenschaft und Technik veranlaßte Krise bewältigen wird?

Die Bedeutung der Arbeit von Pestel besteht darin, daß er gezeigt hat, wie Verantwortung zu handhaben ist, daß er den intellektuellen Apparat mobilisiert hat und ein Beispiel gegeben hat, wie sich ein vernünftiger Mensch in der heutigen Situation verhalten soll. Seine Tätigkeit hätte Born beruhigt. Aber ob seine Mühe endgültig zum Ziele führen wird, können wir nur hoffen. Dazu wird eine allgemeine geistige Umstellung nötig sein. Von der Verantwortung wird zwar viel gesprochen, und sie wird von allen Seiten stürmisch verlangt, vor allem ja vom Nächsten, aber die öffentliche Meinung und auch unser Erziehungssystem ist noch mehr auf die individuelle Selbstverwirklichung ausgerichtet. Allerdings gibt es schon, namentlich bei der Jugend, Beispiele guter Hilfsbereitschaft, aber das sind mehr die Ausnahmen. Doch es genügt nicht, daß Eliten verantwortlich denken und handeln, und es genügt auch nicht, das Richtige bloß zu wissen, sondern eine allgemeine Umbesinnung ist nötig, man muß es auch wollen und tun. Das ist über alle Zukunftsforschung hinaus der ethische Kern der Verantwortung. Wenn es zum Beispiel um der Zukunft willen um Einkommensverzichte geht, ist dazu eine allgemeine Bereitschaft vonnöten.

Wann es zu einem solchen Sieg der Vernunft kommen wird und welche Täler des Notstands vorher noch zu durchwandern sind, ist schwer vorauszusagen. Aber wir gratulieren heute Herrn Pestel, weil er uns gezeigt hat, wie wir auf dem Wege sind.

Literatur

Born, M.: Universitas, **23** (1968).
Forrester, J. W.: Der teuflische Regelkreis, Das Globalmodell der Menschheitskrise. – Deutsche Verlags-Anstalt, Stuttgart 1972.
Hengstenberg, E.: Grundlegung der Ethik. – Kohlhammer, Stuttgart 1969.
Jonas, H.: Das Prinzip Verantwortung. – Jusel, Frankfurt 1979.
Kant, I.: Metaphysik der Sitten.
Pestel, E.: Das Deutschland-Modell, Herausforderungen auf dem Weg ins 21. Jahrhundert. – Fischer Taschenbuch Verlag, Frankfurt/M. 1980.

Wege in die Zukunft

von Eduard PESTEL

Wer in der Zukunft lesen will, muß in der Vergangenheit blättern: so André Malraux, Schriftsteller und ehemals französischer Kulturpolitiker. In der Tat, die Zukunft beginnt nicht auf einer grünen Wiese. Wir sind in der Gestaltung der Zukunft nicht so frei, daß sich alle Wünsche und Träume erfüllen ließen, sofern wir Menschen uns nur intensiv dafür einsetzen würden.

Andererseits ist die Zukunft auch nicht durch die Zwänge der Vergangenheit unausweichlich vorbestimmt, als sei sie etwas, das wir bei unserer Lebenswanderung jeweils „hinter der nächsten Gebirgskette" vorgefertigt vorfinden. Wir haben allenfalls Optionen für Zukunftsalternativen, in denen sich das Zusammen- und Gegeneinanderwirken unterschiedlicher Wunschvorstellungen und vorhandener Gegebenheiten vollzieht.

Wege in die Zukunft kann man nicht entwerfen, ohne Ziele, zu denen sie führen sollen, im Auge zu haben. Aber man kann sie auch nicht planen, ohne die Ausgangspunkte zu kennen, bei denen die Reise in die Zukunft beginnt, und ohne das Terrain zu erkunden, durch das sie geführt werden müssen.

Dies ist eine Seite von Zukunftsbetrachtung. Eine andere folgt sogleich aus der Frage, von wessen Zukunft wir reden. So erlebt jeder Mensch sein ganz persönliches Einzelschicksal, das sich aus der Vergangenheit erwachsend schließlich in der Zukunft vollzieht. Es ist aber eingebettet in das Schicksal seiner Familie, seiner weiteren Gemeinschaft in Beruf und Freizeit, in das Schicksal seiner Nation und bleibt auch nicht unberührt von dem Gang der Weltereignisse. Nicht zuletzt wegen der Verknüpfung von Einzelschicksal und nationalem Schicksal sind viele — vielleicht sogar die meisten — Menschen daran interessiert, an der Gestaltung der Zukunft ihrer Nation nach innen und außen mitzuwirken, und sei es nur durch gelegentliche Abgabe ihres Stimmzettels. Damit stellt sich auch für jeden die Frage nach den möglichen Wegen in die Zukunft, die die einzelne Nation wie auch größere Nationengemeinschaften beschreiten können, und welche Bedeutung für uns Bürger solche unterschiedlichen Wege in die Zukunft haben werden, damit sich in uns ein Zukunftsbewußtsein bildet, damit wir und mit uns die von uns getragenen Regierungen nicht nur passive Mitfahrer auf einer Reise sind, deren Kurs von anderen mehr oder weniger zufallsbedingten Kräften planlos gesteuert wird.

Es geht also einmal darum, ein möglichst zutreffendes Bild unseres gegenwärtigen Zustandes zu haben, darüber hinaus aber auch zu begreifen, wie es zu dieser

Gegenwart gekommen ist, d.h. welche lang-, mittel- und kurzfristig wirkenden geistigen, gesellschaftlichen, politischen und wirtschaftlichen Kräfte den Wandel der Zeiten herbeigeführt haben, und gleichzeitig aufkeimende neue Kräfte zu erspüren, die auf unserem Weg in die Zukunft zu wesentlichen Kurskorrekturen führen könnten. Dies im einzelnen vor Ihnen aufzuzeigen, übersteigt meine Möglichkeiten, und dies nicht nur aus Zeitgründen.

Wenn man das vergangene Jahrtausend rückblickend betrachtet, meine ich, eine immer weiter fortschreitende Säkularisierung fast überall in der West feststellen zu müssen. Im Abendland ist die Renaissance wohl als erster deutlich erkennbarer Beginn dieses Säkularisierungsprozesses anzusehen. Mit Galilei befreien sich dann die Naturwissenschaften vom Dogma der Kirche. Für eine wachsende Zahl von Menschen ersetzen seither die Naturwissenschaften die Kirche als Wahrheit suchendes, nach Erkenntnis trachtendes Organ. Im Zeitalter der Aufklärung findet die Säkularisierung einen weiteren Höhepunkt, und von dann ab schreitet sie fast unaufhaltsam fort in die Epoche, die wir seit 200 Jahren als das Industriezeitalter erleben.

Wir leben somit heute in einer Zivilisation, die in ihrem Kern zur Erschaffung einer Willens- und Verstandeswelt führen mußte (v. Weizsäcker 1976: 256). Denn ohne die Stärkung und Nutzung des Verstandes, also des Begrifflichen, in Einzelschritten vollziehbaren und in Handlungen umsetzbaren Denkens und ohne die von den immer schneller steigenden Erwartungen der Menschen geförderte Entschlossenheit des Willens, das zu tun, was der Verstand denken kann, hätte der technische Fortschritt seit Beginn der ersten industriellen Revolution vor gut 200 Jahren nicht stattgefunden; ein Prozeß, der sich dadurch selbst verstärkte, daß der Verstand auch das zu denken vermag, was solcher Wille wollen kann. Die Entwicklung der Kriegstechnik liefert für diese Behauptung ein beredtes Zeugnis. Konkretisiert in dem Verhältnis von Wissenschaft und Forschung auf der einen und Politik auf der anderen Seite würde diese Rollenverteilung von Verstand und Willen zu folgenden Aussagen führen: In unserer Epoche war die politische Führung ebenso wie die Entscheidungsträger in der Wirtschaft entschlossen, die Ergebnisse der Forschung nicht nur auf ihren möglichen Nutzen abzuklopfen, sondern dann auch anzuwenden. Und umgekehrt, Wissenschaft und Forschung haben sich selbst auch bereitgefunden, dem Erreichen der vom politischen und wirtschaftlichen Willen gesetzten Ziele zu dienen.

Diese Sicht der Dinge ist sicherlich nicht umfassend, aber ich glaube, es ist nicht falsch zu behaupten, daß das Vorantreiben des Fortschritts, im wesentlichen des technischen Fortschritts, durch Wissenschaft und Forschung in den vergangenen 100 Jahren, wie auch heute noch, unter diesen wirtschaftlichen und politischen Rahmenbedingungen stattgefunden hat und nicht zuletzt deshalb so erfolgreich war. In diesem Sinne ist wissenschaftliche Forschung selbst zu einer Technologie für den Fortschritt geworden, und die Folgen solcher Technologie werden dann natürlich abhängig davon, inwieweit der politische bzw. der wirtschaftliche Wille, der ihren Einsatz bewirkt, von Vernunft geleitet ist, von Vernunft, die ich als menschliches Verhalten verstehe, das sich nicht mit der Betrachtung von Teilaspekten begnügt, nicht der Verfolgung partikulärer Interessen dient, sondern das sich um die Wahrnehmung des jeweils betroffenen Ganzen bemüht.

Obwohl heute die technischen Mittel von solcher Mächtigkeit sind, daß bei ihrem Einsatz fundamentale Irrtümer nicht mehr so korrigierbar sind wie zu Zeiten, da der technische Fortschritt noch nicht das Ausmaß unserer Tage erreicht hatte, kann von solcher Vernunft in Politik und Wirtschaft häufig nicht die Rede sein. Es wundert daher nicht, daß wir heute Fragen voller Zweifel und Skepsis hören, wie sie z.B. ein in seiner Öffentlichkeitswirkung sicherlich nicht zu unterschätzender Denker wie Lewis Mumford (1974: 481) gestellt hat: „Sind wir sicher, daß die Beherrschung schließlich aller Naturvorgänge durch die Technik und durch eine aufgrund der gewaltigen Hilfsmittel zur Technologie gewordenen Wissenschaft an sich ein wirksames Mittel ist, um das Los des Menschen zu erleichtern und zu verbessern? Hat es sich nicht schon gezeigt, daß Wissenschaft und Technik in ihrem unmäßigen Wachstum keinen menschlichen Interessen mehr dienen, außer dem der Technologen und der großen Unternehmen; ja, daß sie beispielsweise in der Form von Atom- und Bakterienwaffen oder von Weltraumraketen den Menschen nicht nur nutzlos, sondern geradezu verderblich sein könnten? Nach welcher Vernunftregel versuchen wir Zeit zu sparen, Entfernungen zu verkürzen, Macht zu vermehren, Güter zu vervielfachen, organische Normen umzustürzen und Organismen durch Mechanismen zu ersetzen, die jene simulieren, oder einzelne ihrer Funktionen ins Riesenhafte zu vergrößern?" Und dann kommt Lewis Mumford unmittelbar zu dem Schluß: „Alle diese Imperative, die unserer heutigen Gesellschaft zur Grundlage der Wissenschaft als Technologie geworden sind, scheinen axiomatisch und absolut, nur weil sie unüberprüft sind. Im Sinne des entstehenden organischen Weltbildes sind diese scheinbar fortgeschrittenen Ideen veraltet."

Sollte solche Sicht des technischen Fortschritts und der Rolle der Wissenschaft, ja des einzelnen Forschers, in dem riesigen Apparat von Menschen, Maschinen und technischen Anlagen, der diesen Fortschritt vorantreibt, sollte solche Sicht immer weitere Kreise erfassen — und wer wollte leugnen, daß heute schon ein nicht zu vernachlässigender Teil unserer Mitbürger, insbesondere der Jugend, sicherlich noch eine Minderheit, aber eine sehr aktive, in einem solchen Weltbild gefangen ist —, dann werden die gesellschaftlichen Rahmenbedingungen der Förderung der Forschung so abgeneigt, so ungünstig, daß man das Ende einer Epoche, einer Epoche der naturwissenschaftlichen Forschung und des daraus resultierenden technischen Fortschritts, wie wir sie als herausragendes Kennzeichen unserer Zeit erlebt haben, voraussagen kann.

Es stellt sich also die Frage: Wird der Glaube an den unaufhaltsamen technischen Fortschritt, ja an seine Notwendigkeit, auch weiterhin unsere Schritte in die Zukunft lenken, oder wird schließlich die Mehrzahl der Menschen in unserer Zivilisation denen folgen, die meinen, ein solcher Weg führe unweigerlich in die Katastrophe?

So gestellt, ist die Frage nicht nur unvollständig, sondern vor allem auch nicht fruchtbar. Mein Freund Pierre Bertaux (1971: 147) hat einmal die Behauptung aufgestellt: „Es gibt kaum noch eine Tätigkeit des Menschen, die nicht bereits von der Denkmaschine (er meinte damit im wesentlichen die modernen Computer) übernommen werden könnte, abgesehen von einer einzigen: dem Fragen. Es ist möglich, daß die Frage ein Privileg des lebendigen Organismus bleiben wird, vielleicht sogar nur bestimmter Formen des Organischen, und zwar derjenigen, die noch in der Entwicklung begriffen sind. ... Solange der Mensch den Drang zum Fragen besitzt und in dem Ausmaß, in dem er ihn noch bewahrt hat, bleibt er anpassungs- und evolutionsfähig. Ja, man kann behaupten, daß die Weiterentwicklung der Menschheit viel eher in der Entwicklung der Fragestellungen als in ihrer Beantwortung besteht, und daß eine Kultur, die nicht die richtigen Fragen zu stellen weiß, ihrem Untergang entgegengeht."

Ich teile Bertaux's Ansicht auch in dem erweiterten Sinn, daß der Qualität der Fragestellungen auch bei der Suche nach Wegen in die Zukunft eine entscheidende Bedeutung zukommt. Wer keine oder nur triviale Fragen stellt, lebt in den Tag hinein; ihm mangelt es an Zukunftsbewußtsein.

Ist das nun auch in der Politik so? Kommen da nicht einfach die Fragen auf uns unabweisbar zu und rufen nach Antworten? Und kommt es da nicht wesentlich darauf an, gute bzw. geschickte Antworten zu finden, das heißt, gut zu reagieren? Ist es nicht geradezu parlamentarische Praxis geworden, die Regierungen im Wettlauf um die politische Macht oder mit dem Ziel, die Glaubwürdigkeit der Regierung zu erschüttern, diese mit mündlichen und schriftlichen kleinen und großen Anfragen zu überschwemmen, mit Fragen, die zumeist völlig unfruchtbar sind und selten Denkanstöße vermitteln, ja welche die Regierenden geradezu davon ablenken, sich selbst Fragen zu stellen, was langfristig wirklich zu tun wert sei?

Oder nehmen wir das heute allen Regierungen auf den Nägeln brennende Problem der Arbeitslosigkeit. Ist dies nicht ein Problem, bei dem die entsprechende Fragestellung ganz trivial ist, nämlich: „Wie beseitige ich schnellstmöglich die Arbeitslosigkeit?", und wo es entscheidend nur auf die Antwort ankommt, mit der Politik und Wirtschaft dieser herausfordernden Frage beggnen?"

Natürlich, wenn die Probleme erst einmal in der Tür stehen, und sich weder durch theoretische Spitzfindigkeiten abweisen noch durch noch so geschickte Vernebelungstaktik unsichtbar machen lassen, dann braucht man sich nicht mehr um Fragestellungen zu bemühen, dann schreit alles nach schnellen Antworten, die möglichst niemandem wehtun. Kurzatmiges Reagieren ist die Folge; der Teufel wird mit dem Beelzebub ausgetrieben; und wenn man Mut zur Roßkur von Krankheitssymptomen hat, dann erwachsen daraus früher oder später neue, zumeist noch schlimmere Folgen. Was sind das dann für Wege in die Zukunft, die mit solchen Antworten auf unsere Probleme gepflastert sind? In ihrer Ziellosigkeit werden sie bald die auf solche Wege gebrachten Bürger entmutigen und schließlich dem Staat entfremden, der seine Aufgaben nicht sachgerecht wahrnimmt.

Die heutige Arbeitslosigkeit zum Beispiel ist klar die Folge mangelnden Zukunftsbewußtseins, nämlich des gänzlichen Fehlens von Fragen nach der langfristigen Entwicklung des Arbeitsmarktes zu einer Zeit, als die Wirtschaft noch kräftig im Wachsen war, und die Zahl der offenen Stellen die der Arbeitslosen klar überwog. Für eine Regierung, die das Recht auf Arbeit als ein Grundrecht bezeichnete, müßte es doch geradezu zwingend gewesen sein, eine solche — nicht nur für die Regierenden, sondern für jeden Bürger — lebenswichtige Frage gerade in „guten Zeiten" zu stellen, um dann den möglichen Antwortenkatalog aufzustellen und zu bewerten, um somit negative Entwicklungen frühzeitig abfangen zu können, sollten diese einmal eintreten. Als ich mit meinen Mitarbeitern vor sieben Jahren zunächst im kleinen Kreise, und bald danach vor der breiten Öffentlichkeit, die Ergebnisse einer vom BMFT finanziell unterstützten Forschungsarbeit über die Entwicklung der Bundesrepublik Deutschland bis zum Jahre 2000 darlegte, die 1978 in dem auch für Laien verständlichen Buch „Das Deutschlandmodell" (Pestel et al. 1978: 139 f.) ihren Niederschlag gefunden haben, wurden neben unserer Prognose für die wirtschaftliche Entwicklung und den zukünftigen Energiebedarf auch die Ergebnisse der Untersuchung über die Entwicklung der Arbeitslosigkeit entrüstet zurückgewiesen. Leider erwies sich in den seither vergangenen fünf Jahren auch die letztere Prognose als richtig, obwohl diese im Vergleich zu den anderen rein methodisch etwas schwächer unterbaut war. Ich kann hier nicht auf Einzelheiten eingehen und möchte mir lediglich erlauben, die kurze Zusammenfassung unserer im übrigen sehr detaillierten Untersuchung des Arbeitslosenproblems zu zitieren:

„Abschließend kann festgestellt werden, daß zur Überwindung des Arbeitslosenproblems, soweit es das quantitative Auseinanderklaffen von Angebot und Nachfrage betrifft, in den kommenden 5 bis 10 Jahren besondere politische Anstrengungen nötig sein werden. Es handelt sich jedoch um ein vorübergehendes Problem. Längerfristig, in den 90er Jahren und danach werden die Arbeitsmarktprobleme immer stärker zu qualitativen Problemen, die in der mangelnden Anpassung des Ausbildungs- an das Beschäftigungssystem ihren Grund haben. Die schon heute in geringem Maß vorhandene Diskrepanz wird sich bis zum Ende dieses Jahrhunderts und darüber hinaus immer weiter verschärfen. Wegen der langen Zeitkonstanten im Ausbildungs- und im Beschäftigungssystem müssen schon jetzt auf breiter Front Überlegungen angestellt werden und die daraus zu folgernden Maßnahmen tatkräftig durchgeführt werden, um zu vermeiden, daß sich ein großer Teil unserer am besten und am aufwendigsten ausgebildeten jungen Menschen als überflüssig empfindet. Denn schließlich stellt die Jugend das wertvollste Gut unserer Nation dar, das nicht vergeudet werden darf."

Zu dieser Aussage zum Arbeitslosenproblem und zu den im „Deutschlandmodell" gemachten Vorschlägen zur sinnvollen Bekämpfung der Arbeitslosigkeit in den 80er Jahren, auf die ich hier nicht eingehen kann, stehe ich nach wie vor. Die Prognose einer drastischen Abnahme der Arbeitslosigkeit nach der Mitte dieses Jahrzehnts kann allerdings eine Abschwächung erfahren, sollten die durch moderne Technologien, insbesondere durch die Mikroelektronik und ihre weit verzweigten Anwendungen möglich werdenden Produktivitätssteigerungen den hierdurch notwendigen Strukturwandel in Industrie, Wirtschaft und Verwaltung schneller erzwingen, als ich gegenwärtig noch erwarte.

Hier fällt ein neues Stichwort: Produktivitätssteigerung durch moderne Technologien. Gerade heute werden im Zusammenhang damit zumeist unfruchtbare Fragen gestellt, wie z.B.: „Geht uns die Arbeit aus?", oder, „wird die Arbeit auch weiterhin der ‚Sinn des Lebens' sein können?" Oder, „wie verteilen wir die verbleibende Arbeit?", und viele andere ähnliche mehr. Demgegenüber wäre meines Erachtens eine — unter manchen anderen — fruchtbare Fragestellung etwa die folgende: „Auf welche Weise und in welchem Umfang können die möglichen Produktivitätssteigerungen zur Verbesserung der Lebensqualität (Umweltschutz, Änderung der Energiestruktur, Stadtsanierung, Verkehrswesen, Gesundheitswesen etc.) genutzt werden?" Bei solcher Fragestellung wird man schnell darauf kommen, daß man danach trachten sollte, Produktivitätszuwächse in allen Tätigkeitsbereichen zu erzielen, wo dies nur technisch möglich ist, dann aber nicht die so entstehenden „Gewinne" weitgehend zu verkonsumieren, wobei die wachsende Zahl der Arbeitslosen leer ausgehen würde, sondern vielmehr diese Gewinne neben den notwendigen Investitionen den erwähnten und anderen dem Gemeinwohl dienenden Verbesserungen zu „opfern", um damit neue sinnvolle Arbeitsplätze schaffen zu können. Bedenken wir auch, daß durchhaltbarer wirtschaftlicher und sozialer Fortschritt in Zukunft mehr und mehr eine weise Nutzung aller natürlichen und nicht erneuerbaren Ressourcen wie Energie, Rohstoffe und Land erfordern wird, und auch dieses sehr wohl einen beachtlichen Anteil der anderswo erzielten Produktivitätssteigerungen aufzehren wird.

Wir werden mehr als bisher auf einen konstruktiven Konsens, auf Kooperation zwischen Arbeitgebern und Management auf der einen, und Arbeitnehmern auf der anderen Seite angewiesen sein, um die enormen technologischen Möglichkeiten sinnvoll für das Gemeinwohl entfalten und dabei auch den enormen Strukturwandel verkraften zu können. Dieser Strukturwandel, den unsere Industrie, Wirtschaft und Verwaltung in der Zukunft nicht nur zuletzt aufgrund der rasanten Entwicklung der modernen Technologien durchleben, ja vielleicht auch durchleiden wird, muß in solch kooperativem Geiste stattfinden, wenn die potentiellen Güter, welche die technische Entwicklung für uns bereithält, nicht verlorengehen sollen.

Dazu gehört allerdings ein Wandel der Wertvorstellungen, der in erster Linie in den Menschen stattfinden muß, die in unserer Gemeinschaft politische und wirtschaftliche Entscheidungsfunktionen ausüben und deshalb in herausgehobener Verantwortung für das Gemeinwohl stehen. Man kann darüber streiten, wie rein organisatorisch die Arbeit verteilt werden soll, sollte in den kommenden Jahren die technische Entwicklung alle Befürchtungen der Pessimisten bezüglich der Vernichtung von Arbeitsplätzen wahrmachen; aber man kann nicht mehr darüber streiten, daß in unserer Anspruchsgesellschaft der Geist der Solidarität immer mehr schwindet, daß politische Feindschaft die Bereitschaft zur Kooperation in lebenswichtigen Fragen immer mehr verdrängt, daß die Sorge um läppische Tagesprobleme immer stärker den Blick für die wirklich notwendigen Aufgaben trübt, deren Lösung zur langfristigen Sicherung des Gemeinwohls unabweisbar ist. Hier hat ein fundamentaler Sinneswandel stattzufinden, bevor ihn der Leidensdruck einer bereits eingetretenen Katastrophe erzwingt. Die Politiker mögen sich nicht täuschen: Der Bürger, der mit seinem Stimmzettel an der politischen Gestaltung unserer Zukunft entscheidend mitwirkt, ist sehr viel stärker bereit, als anscheinend die Mehrzahl unserer Parteipolitiker annehmen, Opfer für das langfristige Gemeinwohl zu bringen, wenn diese in solidarischer Gemeinschaft von allen, und zwar von allen nach ihren Möglichkeiten, gefordert und dann auch gebracht werden.

Wir sind hier bei dem zentralen Problem angelangt, dessen Bewältigung für die Schaffung von Wegen in eine lebenserhaltende und lebenswerte Zukunft entscheidend ist: der Forderung nach einem fundamentalen Wandel in den Herzen und Köpfen derjenigen, die kraft ihres Amtes herausgehobene Verantwortung für die Gestaltung der Zukunft nicht nur im nationalen Bereich, sondern auch für die Welt tragen. Nirgendwo wird diese Forderung zwingender als bei der Sicherung des Friedens, ohne den es keine Wege in die Zukunft geben wird. Es war dieses allen anderen vorrangige Problem, das Max Born in den letzten 25 Jahren seines Lebens unaufhörlich bewegt hat, worüber besonders seine Vorträge „Von der Verantwortung des Naturwissenschaftlers" Zeugnis ablegen.

Seit Max Born im achten und neunten Jahrzehnt seines Lebens den Politikern die harte Tatsache einzuhämmern versuchte (Born 1965: 76), „daß die Massenvernichtungsmittel, welche die Wissenschaft ermöglicht hat, eine Fortsetzung der Politik in der überlieferten Weise unmöglich mache; denn diese beruhe traditionsgemäß auf dem gewaltsamen Ausgleich der Spannungen, auf Krieg; ein Krieg im großen bedeute aber nicht Sieg oder Niederlage, sondern allgemeinen Untergang", seit dieser Zeit hat der Rüstungswahnsinn Ausmaße erreicht, die selbst das Vorstellungsvermögen von Max Born übersteigen würde. Er war ein Mann der Hoffnung, den mancher heute ein wenig belächeln möchte, wenn er bei ihm liest (l.c.: 129) „Wenn die Menschheit die nächsten zehn oder zwanzig Jahre ohne großen Krieg überlebt, so wird vermutlich eine Weltorganisation entstehen, welche den Nationalstaaten übergeordnet ist und den Frieden garantiert. Dann wird man die Physik in hohen Ehren halten, weil sie durch Übersteigerung der Vernichtungsmittel die Absurdität der Machtpolitik und des Krieges klargemacht hat."

Doch seine Hoffnung – damals vor über 20 Jahren – beruhte (l.c.: 203) „auf der Vereinigung zweier geistigen Kräfte: der moralischen Erkenntnis der Verwerflichkeit des zum Massenmord Wehrloser entarteten Krieges und der Vernunfterkenntnis der Unvereinbarkeit von technischer Kriegsführung mit dem Überleben des Menschengeschlechtes ... Im Zusammenleben der Menschen, besonders in der Politik, ist die Hoffnung eine bewegende Kraft. Nur wenn wir hoffen, handeln wir, um die Erfüllung der Hoffnung näherzubringen."

Angesichts der heutigen Situation und im Hinblick auf die absehbaren militärischen Entwicklungen der 80er Jahre kann man ohne solche Hoffnung sich nicht daran machen, neue Wege in die Zukunft zu suchen.

Nur mit wenigen Zahlen lassen Sie mich die gegenwärtige Situation veranschaulichen:
- Auf der ganzen Welt überschreiten die jährlichen Ausgaben für militärische Zwecke die Summe von 600 Mrd. Dollar, pro Stunde also über 150 Mio. DM (Palme-Bericht 1982: 88). Das ist mehr als das gesamte Einkommen der 1500 Millionen Menschen, die in den 50 ärmsten Ländern der Erde wohnen.
- Die durchschnittlichen Ausgaben auf der Welt für die Ausrüstung und Unterhaltung jedes Soldaten übertreffen den durchschnittlichen Aufwand für die Schulausbildung eines Kindes um mehr als das Fünfzigfache (Sivard 1980).
- Der Weltvorrat an nuklearen Waffen, bestehend aus etwa 50 000 Atombomben und nuklearen Sprengköpfen, entspricht 16 000 Millionen Tonnen TNT; das ist über 5 000mal mehr als im zweiten Weltkrieg an Munition eingesetzt wurde und damals zum Tode von weit über 40 Mio. Menschen führte, oder anders ausgedrückt, das Äquivalent von weit mehr als einer Million Hiroshimabomben. (Palme-Bericht 1982: 52)
- Der internationale Handel mit konventionellen Rüstungsgütern, angeführt von den USA, der Sowjetunion und Frankreich, beträgt heute rund 80 Mrd. DM pro Jahr; d.h. dieser Handel hat sich in den 70er Jahren mehr als verdoppelt; dreiviertel davon geht heute in die „dritte Welt" (davon etwa die Hälfte in den Mittleren Osten und die arabischen Länder Nordafrikas). Etwa die Hälfte der industriellen Importgüter in den armen Ländern der dritten Welt sind Waffen, zumeist mehr, um die eigene Bevölkerung durch die Militärregierungen besser in Schach zu halten, als Sicherheit gegen äußere Feinde zu bieten (Pierre 1981/82: 266 ff.).
- In den Jahrzehnten seit dem Ende des zweiten Weltkrieges haben rund 140 Kriege stattgefunden, fast ausschließlich in den armen Entwicklungsländern, wo die Not der dort lebenden Menschen ohnehin für uns unvorstellbar groß ist. Wohl über 10 Mio. Menschen haben dabei den Tod gefunden (Friedrichs & Schaff 1982: 285).
- Über 400 000 Naturwissenschaftler und Ingenieure sind weltweit für Forschung und Entwicklung in der Rüstungsindustrie eingesetzt (Friedrichs & Schaff 1982: 258). Laut Jahresbericht der National Academy of Sciences der USA wurden 1981 von 40 Mrd. Dollar öffentlicher Forschungsmittel durch die amerikanische Bundesregierung 56% dem Verteidigungsministerium und 15% der Raumfahrtbehörde NASA überlassen.

Und dies alles in einer Welt, in der über eine halbe Milliarde von Menschen chronisch unterernährt ist, bzw. Hunger leidet, etwa 600 Mio. Menschen unbeschäftigt bzw. völlig unterbeschäftigt sind, in der die Weltbevölkerung bis zur Jahrtausendwende um etwa 1½ Mrd. Menschen zunehmen wird mit der Folge, daß die Zahl der Hungernden weiter steigen wird und über ¾ Mrd. neuer Arbeitsplätze – zu 90% in den armen Ländern der dritten Welt – geschaffen werden müssen, wenn im Jahr 2000 die Zahl der unter- und unbeschäftigten Erwachsenen in den Entwicklungsländern die Milliardengrenze nicht überschreiten soll (Peccei 1981: 83 ff.).

Ja, es gehört schon Hoffnung und Glaube dazu, in diesem Terrain gangbare Wege in die Zukunft zu suchen. Den Weg zum Frieden zu suchen, wird hierbei eine Daueraufgabe der Menschheit sein. Angesichts der technischen Vernichtungsmittel, die man wohl ächten, aber nicht mehr aus der Welt bringen kann, weil das Wissen um die Herstellung nicht ausgelöscht werden kann, angesichts dieser ständigen Bedrohung der Existenz der Menschheit werden die Menschen für vielleicht mehr als 100 Jahre ohne Unterlaß ihre Bemühungen fortsetzen müssen, bis das Institut des Krieges endgültig aus der Politik verschwunden ist. Insofern hat mit der Atombombe ein wirklich ganz neues Zeitalter in der Menschheitsgeschichte begonnen, oder wir stehen — zumindest in Mitteleuropa — vor dem Ende dieser Geschichte.

Ich meine jedoch, daß in unserer Zeit neben dieser Daueranstrengung ein besonderer Kraftakt vonnöten ist, um das Steuer herumzuwerfen. Es geht nicht länger an, die Friedensfrage, die heute mehr als jemals zuvor eine Frage auf Leben und Tod aller ist, wie ein technisches Problem zu behandeln, indem man sich nun etwa seit 30 Jahren um ein Kräftegleichgewicht bemüht, das vom buchhalterischen Zählen von Raketen, Wurfgewichten, atomaren Sprengköpfen und Reichweiten lebt. Seit drei Jahrzehnten scheint man der Illusion verfallen zu sein, daß schließlich doch dauerhafte Lösungen in zähen, über Jahre gehenden Verhandlungen — von jeder Seite möglichst aus der Position der Stärke geführt — durch kleine exklusive Kreise von sogenannten Abrüstungsspezialisten erzielt werden können. Dabei hat sich ein gewisser Typ von Unterhändlern durchgesetzt, den ich eher als Abrüstungsgesprächs-Spezialisten bezeichnen möchte als als Abrüstungsspezialisten, wie sie sich selbst gern in den Medien präsentieren lassen.

Allmählich scheint es nun immer mehr Menschen klarzuwerden, daß nichts dabei herauskommen kann. Ja, der Wunsch jeder der beiden Supermächte, die Verhandlungen aus einer Position der Stärke — notfalls auch nur aus einer fiktiven Position der Stärke wie z.B. mit Hilfe der Korsettstangen des NATO-Doppelbeschlusses — zu führen, ist ständig wirksame Motivation zur Fortsetzung des Wettrüstens. Und wenn einmal tatsächlich Abkommen zur Rüstungsbegrenzung rein technischer Natur nach jahrelangen Verhandlungen erreicht werden, dann dienen die technischen Einzelheiten solcher Abkommen sozusagen als Rahmenbedingungen für die militärische Forschung und Entwicklung, um nach einigen Jahren vertragskonform stärker gerüstet zu sein als zuvor, in der Hoffnung, nun bei neuen Verhandlungen aus einer neuen Position der Stärke dem Gegner weitere Konzessionen abzuringen, nur, um dann festzustellen, daß dieser auf anderen vom Vertrag nicht erfaßten Wegen seinerseits verwundbare Schwächen des Gegners zu eigener Überlegenheit ausgenutzt hat. Und so ist es kein Wunder, daß seit Beginn von Abrüstungsgesprächen vor über dreißig Jahren die Kriegsmaschine heute tausendfach größer ist als wenige Jahre nach dem Ende des zweiten Weltkrieges.

Doch mit Beklagen dieser ausweglos erscheinenden Situation, oder sich zufriedenzugeben mit dem Trost, daß ja wenigstens in Europa die Supermächte bisher keine bewaffneten Konflikte ausgetragen, sondern — wenn auch mit dem Ergebnis immer bedrohlicherer Aufrüstung — verhandelt haben, mit beiden Einstellungen wird sich der bedrohliche Zustand von heute immer stärker bedrohlich weiter entwickeln. Max Born hat einmal vor 20 Jahren vor allem die Art und Weise, wie der Rüstungswettstreit auch heute noch bis in die jüngste Vergangenheit ausgetragen wird, mit einem Tauziehen verglichen (Born 1965: 156), „bei dem die Parteien etwa gleich stark sind. Tatsächlich sind aber beide Parteien bemüht, sich dauernd zu verstärken durch neue Mannschaft. Wenn aber das Gleichgewicht dabei einigermaßen erhalten bleibt, so steigt doch die Spannung im Seil — bis es reißt, und beide Seiten auf dem Rücken liegen. Wir haben eben nicht mehr stehende Heere mit traditioneller Bewaffnung wie in früheren Jahrhunderten, sondern ein Wettrüsten im technischen Ausmaß und Tempo, noch beschleunigt durch die Angst vor dem Gegner. Mit der Sicherheit ist es also nichts, das Seil muß einmal reißen."

Aber was sollte, was könnte in praxi getan werden, um in einer Welt des gegenseitigen Mißtrauens, ja der Angst, den von mir zuvor beschworenen Wandel in den Herzen und Köpfen der wesentlichen Entscheidungsträger in der Welt von heute und morgen herbeizuführen?

Da ist zunächst festzustellen, daß sich die Sowjetunion einer systematischen Einkreisungspolitik der USA ausgesetzt fühlt. Die seit Beginn der 70er Jahre zunehmende Verstärkung sowjetischer Streitkräfte im asiatischen Osten des Sowjetimperiums ist auch eine Folge dieser Einkreisungspsychose. Der gewaltige Ausbau der sowjetischen Flotte mit ihren Basen in Südostasien und im südlichen Afrika, die großen sowjetischen Anstrengungen zum Aufweichen der Südflanke der NATO, dies alles sind daraus erwachsene Abwehrreaktionen. Das Mißtrauen, das dieser Verhaltensweise zugrundeliegt, besteht seitens der sowjetischen Herrschaftselite auch gegenüber dem eigenen Volk. Hier liegt wohl auch die größte Schwäche des sowjetischen Herrschaftssystems, welche die Elite im Kreml nicht nur vom eigenen Volk abkapselt, sondern auch von der politischen Wirklichkeit. Gleichzeitig ist dieses — durch die ganze russische Geschichte wie ein roter Faden sich hinziehende — Mißtrauen das gründlichste Hindernis für eine wirkliche Verständigung zwischen Ost und West. Denn wie kann die Sowjetführung ihr Mißtrauen gegenüber dem Westen ehrlich abbauen, solange es gegenüber den eigenen Landsleuten in so hohem Maße existiert, daß diesen die für uns unverzichtbaren menschlichen und politischen Freiheiten vorenthalten werden?

Die Angst vor dem Westen findet natürlich auch Nahrung aus der Geschichte. Man denke an Karl XII, Napoleon und Hitler, die mit ihren Angriffskriegen gegen Rußland nicht nur ihre eigene Nation ruinierten, sondern dem russischen Volk auch gewaltige Blutopfer abforderten. Was aber darüber hinaus den Sowjets heute besonders große Sorgen bereitet, rührt daher, daß nicht nur zu dem gegen die Sowjetunion militärisch vereinigten Westeuropa die USA als Führungsmacht gestoßen ist, sondern daß gleichzeitig im Osten das riesige China mit über 1 Mrd. Menschen sich anschickt, mit japanischer, westeuropäischer und amerikanischer Hilfe sich auf allen Gebieten zu modernisieren, um in wenigen Jahrzehnten das nachzuholen, was Japan durch frühzeitige Öffnung nach dem Westen, insbesondere aber seit dem Ende des 2. Weltkrieges geschaffen hat.

Der Westen sieht andererseits in der Sowjetunion einen Gegner, dessen erklärtes Fernziel in der Schaffung einer Weltrepublik der Sowjets gipfelt, nachdem überall die Errichtung des „Realsozialismus" der Abschaffung des kapitalistischen Systems gefolgt ist. Wir kennen die Instrumente, derer sich die Herrschaftselite der Sowjets für die Veränderung des Kräfteverhältnisses zugunsten des sozialistischen Weltsystems bedient. Es sind im wesentlichen die folgenden drei:

1. Das schon von Lenin zur Zeit der größten militärischen Schwäche der Sowjetunion entwickelte „Prinzip der friedlichen Koexistenz" als Leitlinie für den Umgang mit dem kapitalistischen Westen. Vor 20 Jahren publizierte der sowjetische Außenminister Gromyko dazu die folgende Definition (Gromyko 1982: 48): „Die friedliche Koexistenz beider Systeme ist eine spezifische Form des Klassenkampfes zwischen Sozialismus und Kapitalismus in der Welt-Arena, ohne Rückgriff auf militärische Mittel, auf Waffen."

2. Im Verhältnis der Sowjetunion zu den anderen sozialistischen Staaten gilt „das Prinzip des proletarischen, sozialistischen Internationalismus" mit der offiziellen Zielsetzung gemeinsam günstige Voraussetzungen für den Aufbau des Sozialismus zum Kommunismus zu schaffen und ferner Einheit und Solidarität, Freundschaft und brüderliche Beziehungen der sozialistischen Länder zu stärken (Ponomarev et al. 1971: 486). Dieses Prinzip bekräftigt durch die „Breschnew-Doktrin von der begrenzten Souveränität" der kommunistischen Parteien und Regierungen des Ostblocks (Meissner 1970: 21), dient in Wirklichkeit jedoch als Disziplinierungsinstrument gegenüber ihren „Bruderstaaten" und beinhaltet die brutale Warnung: Was in unserem Machtbereich ist, bleibt da; ohne Rücksicht auf Weltmeinung und andere politische Kosten.

3. Mit der Unterstützung der außereuropäischen „Befreiungsbewegungen" glauben die Sowjets ein besonders dankbares Feld für die allmähliche Veränderung der Kräfteverhältnisse zugunsten des „Weltsozialismus" gefunden zu haben. Im Hinblick auf die Armut dieser Entwicklungsländer, die Ungeduld der Bevölkerung mit den bestehenden Verhältnissen, welche vernünftigen Reformen bei entsprechender Agitation keine Chance gibt, und nicht zuletzt aufgrund der kolonialen Vergangenheit dieser Länder ist hier der „Sozialismus" gegenüber dem „Kapitalismus" ideologisch wie politisch in der Vorhand, auch wenn dieser weit größere wirtschaftliche Entwicklungshilfe leistet als jener.

Es ist meines Erachtens bei der Suche nach einem dauerhaften Frieden, der mehr sein muß, als die jederzeit zu unterbrechende Abwesenheit von Krieg, von großer Wichtigkeit, die drei genannten Instrumente sowjetischer Außenpolitik richtig einzuschätzen. Die von der Sowjetunion in den vergangenen drei Jahrzehnten geübte Unterstützung der „Befreiungsbewegungen", die einhergegangen ist mit der Schaffung von sowjetischen militärischen Stützpunkten, hat einen ständig schwelenden Herd geschaffen, von dem jederzeit in einem unerwarteten Augenblick der einen Weltbrand entfachende Funke ausgehen kann. Man denke nur an die Kuba-Krise vor 20 Jahren, als die USA und die Sowjetunion sich tatsächlich mit dem Einsatz nuklearer strategischer Waffen bedrohten (Kennedy 1982). Im engen Zusammenhang mit diesem friedensbedrohenden Komplex steht der vorerwähnte Waffenhandel mit der dritten Welt. Ich bin hier der gleichen Überzeugung wie der diesjährige Preisträger des Friedenspreises des Deutschen Buchhandels, der amerikanische Diplomat und Historiker George F. Kennan (1982: 48), daß ein richtiger Friede nicht zustandekommen und bestehen kann, „wenn nicht beide Seiten von diesem wahrhaftig schmachvollen, von tiefstem Zynismus und gemeinster Korruption begleiteten Massenexport von Waffen in andere Länder, und besonders in die Entwicklungsländer der dritten Welt, Abstand nehmen. Für diesen Handel, der meistens nichts anderes bewirkt, als die Korrumpierung und Debauchierung der betreffenden Länder, der sie zur Verschwendung von Mitteln verleitet, die dringend — bis zur Verzweiflung dringend — für positive Zwecke benötigt werden, für diesen ungeheuren Mißbrauch kann es keine Berechtigung geben. Ich kann mir nicht vorstellen, daß Mächte, die sich weiterhin in Konkurrenz miteinander an diesem Handel beteiligen, in der Suche nach einem europäischen Frieden eine glaubwürdige Rolle spielen können." Es wäre ein längst fälliger Test für die immer wieder von den Machtblöcken bekannte Friedensliebe, wenn die vor einigen Jahren ganz erfolgreich begonnenen Verhandlungen zur Eindämmung des Handels mit konventionellen Waffen, den sogenannten CAT-Verhandlungen, wieder aufgenommen und zu einem guten Ende geführt würden. Hier könnte vielleicht ein erster Schritt zu dem erforderlichen Sinneswandel der auf beiden Seiten führenden Politiker gemacht werden, indem sie sich hier einmal von nackter Machtpolitik im Hinblick auf die ohnehin furchtbare Not der betroffenen Menschen, vor allem der Kinder, freimachen. Wer dazu nicht in der Lage ist, dem kann mit gutem Recht der ehrliche Wille zum Frieden abgesprochen werden. Dabei steht im übrigen den politischen Entscheidungsträgern auch die Erfahrung zur Seite, daß Freundschaft und außenpolitische Vergünstigungen langfristig nicht mit Waffen erkauft werden können: Der heute Verbündete ist häufig der Feind von morgen, eine Erfahrung, die z.B. Amerikaner im Iran und die Sowjets in Ägypten gemacht haben.

Es sei außerdem darauf hingewiesen, daß Japan nach dem Kriege in seiner Verfassung das Verbot zum Waffenexport festgeschrieben hat. Es ist in diesem Zusammenhang auch erwähnenswert (Sipri 1980: 63), daß in den vergangenen 20 Jahren unter den Ländern des Westens Japan durchschnittlich weniger als 1% des Bruttosozialproduktes für Militärausgaben aufgewendet hat, und gleichzeitig mit durchschnittlich fast 10% den größten industriellen Produktivitätszuwachs zu verzeichnen hatte, während die USA in diesem Zeitraum im Durchschnitt jährlich über 7% für militärische Ausgaben aufgewendet haben, nicht zuletzt wegen ihrer Führungsrolle im westlichen Bündnis und dieses damit „bezahlten", daß ihr jährlicher durchschnittlicher Produktivitätszuwachs unter 3% blieb. Die Sowjetunion, welche zwischen 15 und 20% ihres Bruttosozialproduktes für militärische Zwecke verwendete, konnte dementsprechend nur noch geringere industrielle Produktivitätszuwächse verzeichnen. Es ist also ein gefährlicher Fehlschluß, von Rüstungsausgaben eine dauerhafte Belebung der Wirtschaft zu erwarten. Das Gegenteil ist richtig.

Für den Westen ist bei der Planung der zukünftigen Gestaltung seines Verhältnisses zur Sowjetunion besonders das erstgenannte Instrument sowjetischer Außenpolitik, das Prinzip der friedlichen Koexistenz, zu beachten. Spielregeln, die westliche Politiker versuchten aus der These von der „friedlichen Koexistenz" abzuleiten, mit dem Ziel, überall im Rahmen einer umfassenden Entspannungspolitik einen politischen und gesellschaftlichen Status quo festzuschreiben, sind für die Sowjets nicht vorhanden und werden dementsprechend auch nicht beachtet. Als Giscard d'Estaing 1975 bei seinem Besuch in Moskau die Forderung stellte, die Entspannung auch auf den ideologischen Bereich auszudehnen, stieß er bei der Sowjetführung auf völliges Unverständnis; denn die Politik der „friedlichen Koexistenz" hat eben zum Zweck, die Veränderung des internationalen Kräfteverhältnisses zugunsten des Sozialismus zu fördern, und dabei gibt es keine ideologischen Kompromisse; und sie dient weder der Aufrechterhaltung des gesellschaftlichen und wirtschaftlichen Status quo, noch gedenkt sie diesen zu dulden. Die Sowjetunion wird sich gerade in den kommenden Jahren mit besonderer Intensität des Unterwanderungsinstrumentariums der „friedlichen Koexistenz" bedienen. Wer kann ihr verdenken, daß sie in der Bundesrepublik Deutschland in der immer breitere Bevölkerungsschichten und besonders viele junge Menschen mitreißenden Friedensbewegung einen ihr willkommenen Ansatzpunkt sieht, obwohl diese wohl zu über 99 % den sowjetischen Kommunismus ablehnt, was die Kreml-Elite wissen sollte? Hier kommt mir Jacob Burckhardt's bissiger Satz einfach nicht aus dem Sinn: „... und zwar brauchen es nicht einmal immer Bestochene zu sein; – Geblendete tun's auch" (Burckhardt 1978: 93).

Doch ich bin gleichzeitig davon überzeugt, daß die oben zitierte Definition der „friedlichen Koexistenz" durch Gromyko eine verläßliche Aussage ist, solange militärische Aggression mit hohem Risiko belastet ist. Die geschichtliche Erfahrung mit der Sowjetunion lehrt, daß von ihr ausgehende Angriffskriege mit eigener Beteiligung höchst unwahrscheinlich sind, wenn mit effektiver Gegenwehr zu rechnen ist; so lassen sich zahlreiche Beispiele dafür finden, daß die Sowjetunion selbst „Gesichtsverlust" nicht scheut, wenn eine direkte Konfrontation mit Mächtigen, insbesondere mit den USA, im Bereich des Möglichen ist; so bei der Aufgabe der Berlin-Blockade, beim Abzug sowjetischer Raketen aus Kuba unter amerikanischer Aufsicht u.a.m. Es sollte jedoch hinzugefügt werden, daß für die Sowjetunion gewichtigere Gründe als lediglich Risikobetrachtungen gegen einen Agriffskrieg sprechen. Denn, was würde er ihr selbst bei siegreichem Ende bringen: Abgesehen vom furchtbaren Blutzoll, gewaltige Zerstörungen im eigenen Land, im Westen zumindest ein völlig zerstörtes Westdeutschland auch dann, wenn der Krieg „nur mit konventionellen Waffen" geführt würde, und damit das Ende der sich für die Sowjetunion immer vorteilhafter entwickelnden wirtschaftlichen und technologischen Kooperation; am Ende stünde wahrscheinlich ein kommunistisch vereintes Deutschland, das nach einigen Jahrzehnten der Erholung für die Sowjetunion ein furchterregender Partner sein würde mit großer politischer Attraktivität für alle von der Sowjetunion unterdrückten Ostblockstaaten.

Und so mag man schon mit George F. Kennan die Frage stellen: „Warum denn nicht Frieden?" Bei der Friedenssehnsucht so gut wie aller Menschen ist im Grunde genommen das Friedensproblem von majestätischer Einfachheit. Doch in der Realität einer ungeheuer komplexen Welt erweist sich die Suche nach neuen Wegen zu seiner Lösung als äußerst schwierig.

Es ist gerade sechs Wochen her, daß unter der Leitung von Aurelio Peccei ein kleiner Kreis des Club of Rome im Anschluß an seine Jahrestagung in Tokyo zusammentrat, um die Frage zu erörtern, ob der Club of Rome in dieser besonders kritischen Zeit sich mit einer Veröffentlichung an der Suche nach neuen Wegen zum Frieden beteiligen sollte. Papst Johannes Paul II. hatte seinen Berater, Pater Schotte, eigens zu dieser Sitzung nach Tokyo entsandt, nicht nur, um als Beobachter teilzunehmen, sondern auch um dem Club of Rome den Wunsch des Papstes zu übermitteln, daß der Club sich bemühen möge, wenn möglich, die weltweite Friedenssuche mit neuen Gedanken zu befruchten oder zumindest mit neuen Aussagen zu diesem Problem in der dem Club of Rome eigenen holistischen Sicht die Menschen in Ost und West, in Nord und Süd in ihrer Suche nach Frieden weiter anzuspornen und zu beflügeln. Wir kamen dann überein, eine Arbeitsgruppe einzusetzen, die bis zum Frühjahr des nächsten Jahres prüfen sollte, ob der Club of Rome dieser Aufgabe gewachsen sei, und auf welche Weise diese bewältigt werden sollte.

Es geht meines Erachtens für den Westen um zwei wesentliche Aufgaben — abgesehen von dem oben bereits erörterten Waffenhandel —

1. den Rüstungswettlauf zu stoppen, der im sich gegenseitig antreibenden Auf- und Nachrüsten kein Ende finden dürfte.

2. die Sowjetunion davon abzuschrecken, den Versuch machen zu wollen, die Bundesrepublik und Westeuropa in einem mit Hilfe von überlegenen konventionellen Waffen durchgeführten Blitzkrieg zu überrennen; die Abschreckung sollte in Zukunft aber nicht, wie bisher, mit der Drohung des Einsatzes nuklearer Waffen, sondern durch die Schaffung einer starken Verteidigung auf Basis nicht-nuklearer, moderner, intelligenter Waffensysteme geschehen.

zu 1): Der Rüstungswettlauf wird nur dann ein Ende finden, wenn eine Seite damit aufhört, durch Nachrüstung wieder militärische Überlegenheit im Angriff zu gewinnen. Diese Feststellung mündet dann zwangsläufig in die Forderung nach einseitigem Verzicht auf offensive militärische Überlegenheit. Solcher Verzicht wäre dann in der Tat ein Prinzip, eine Leitlinie für zukünftige Friedenspolitik, die sich grundsätzlich von dem Feilschen und Zahlen bei den heute üblichen Verhandlungen unterscheiden würde, die am Ende doch nur zu ineffektiven Rüstungsbegrenzungen führen.

zu 2): Aus dem Prinzip des einseitigen Verzichts auf offensive militärische Überlegenheit folgt zugleich als Korollarium die Notwendigkeit einer so starken nicht-atomaren Verteidigung, daß sie dem potentiellen mit konventionellen Waffen angreifenden Gegner sein Scheitern quasi garantiert und ihn damit abschreckt, ohne sich auf die bei konventionellem Angriff auf ein NATO-Land meines Erachtens unglaubwürdige atomare Abschreckung verlassen zu müssen. Pompidou hat an diese schon vor 20 Jahren nicht mehr geglaubt (Pestel 1982). Kissinger hat vor fünf Jahren in Brüssel deutlich gesagt, daß die USA bei einem Angriff der Sowjetunion auf Westeuropa mit Sicherheit ihre eigene Bevölkerung durch den Einsatz strategischer Atomraketen nicht aufs Spiel setzen würden, sondern daß deren Einsatz nur bei einem nuklearen Angriff auf das Staatsgebiet der USA zu erwarten sei (Kissinger 1979).

Überhaupt halte ich den Einsatz nuklearer Waffen nicht nur für zutiefst unmoralisch, sondern auch für höchst unwahrscheinlich, wenn wir einen nichtnuklearen Angriff ohne Einsatz taktischer Atomwaffen abwehren können. Es ist ein Irrglaube, mit solchen Waffen einen „begrenzten" Nuklearkrieg führen zu können. Wer den von Keeny und Panovsky im vorigen Winter in der Zeitschrift „Foreign Affairs" (Keeny & Panovsky 1981/82: 287 ff.) veröffentlichten sachkundigen Artikel über MAD (Mutually Assured Destruction) versus NUTS (Nuclear Utilization Target Selection) gelesen hat, wird sowohl die abgestufte nukleare Abschreckung, wie die Idee des begrenzten Atomkrieges als irrelevant zurückweisen.

Ich komme nun noch zu einer wesentlichen Feststellung in bezug auf die hier gemachten zwei Vorschläge. Wir wissen heute, daß die Friedensbewegung in unserem Lande immer mehr Nahrung bekommt. Sie wird nicht nur von der Furcht vor einem das Ende unserer Welt einläutenden Atomkrieg gespeist, sondern vor allem auch von der Furcht, die USA könnten bei völliger atomarer Überlegenheit im Falle von irgendwelchen Auseinandersetzungen mit der Sowjetunion in anderen Teilen der Welt das Risiko des Krieges auf sich nehmen, oder die Sowjetunion könnte zum Beispiel in Erwartung dieser späteren völligen Überlegenheit jetzt in Kürze einen Angriff konventioneller Art gegen die NATO in Europa riskieren, zu einem Zeitpunkt, in dem sie sich relativ zum Westen vielleicht zum letzten Male militärisch überlegen fühlen könnte. Wenn aber im Gefolge dieser Friedensbewegung die Verteidigungsbereitschaft unserer Bevölkerung — insbesondere unserer jungen Menschen — schwindet, dann taugt die beste Bewaffnung nichts mehr, und ferner ist das eine direkte Einladung an die Sowjetunion, ein militärisches Abenteuer gegen die NATO in der ersten Hälfte der 80er Jahre zu riskieren. Insofern ist die Friedensbewegung kontraproduktiv, indem sie beim potentiellen Gegner den Eindruck erwecken kann, wir wären weder bereit noch fähig, uns zu verteidigen. Die 60jährige Geschichte der Sowjetunion hat klar gezeigt, daß die Sowjetunion stets nur Gegner angegriffen hat, von denen sie wußte oder zu wissen glaubte, daß sie sich nicht verteidigen könnten oder würden. Und sie liefert uns täglich Beweise für ihre aggressive mitleidlose Bekämpfung bis zur physischen Vernichtung derer, die sich ihrem Totalitarismus nicht unterwerfen wollen, aber zu schwach sind, sich verteidigen zu können. Andrej Sacharow's Verfolgung ist hier nur ein erschütterndes Beispiel unter vielen tausenden. Ich halte es daher für unabdingbar, die Verteidigungsbereitschaft unserer jungen

Menschen zu erhalten, am wirkungsvollsten dadurch, daß wir durch die Art unserer Rüstung es völlig klarmachen, daß diese jungen Menschen nie für einen Angriffskrieg mißbraucht werden. Da genügt einfach nicht das Bekenntnis jeder Bundesregierung, daß von Deutschland aus kein Krieg ausgehen dürfe. Mit einer lediglich zur Verteidigung taugenden Rüstung würde durch Taten bewiesen, daß Deutsche auch unter dem Vorwand „Angriff ist die beste Verteidigung" nicht in einen Angriffskrieg verwickelt werden könnten.

Vor 20 Jahren wären die von mir gemachten Vorschläge, mit denen ich übrigens nicht allein stehe, vom militärischen Standpunkt aus als unrealistisch bezeichnet worden. Inzwischen aber hat eine technische Entwicklung stattgefunden der Art, daß meines Erachtens zum ersten Male in der Militärgeschichte die „intelligenten" modernen Waffensysteme konventionellen Angriffswaffen überlegen sind. Ich bin überzeugt davon, daß bei entsprechenden Anstrengungen in Forschung und Entwicklung und bei Berücksichtigung aller möglichen Angriffsszenarios diese Verteidigungswaffen auf einen solchen Stand gebracht werden können, daß ein potentieller Gegner auch bei Einsatz von riesigen Panzerarmeen keine Chance hat. Und sollte uns der Gegner mit atomaren Waffen bedrohen, so gilt es, diese Drohung schlicht und einfach zu ignorieren. Er wird den Einsatz nicht wagen, solange unser Bündnis intakt ist. Wenn aber keine Verteidigungsbereitschaft unter den jungen Menschen mehr vorhanden ist, dann ist der Zerfall des NATO-Bündnisses unaufhaltsam, und zwar lange bevor die Sowjetunion ihr Fernziel der Errichtung einer Weltrepublik der Sowjets aufgegeben hat.

Im Zusammenhang mit den oben erwähnten Problemen möchte ich noch einen weiteren Punkt aufgreifen. Ich sehe sowohl in der Möglichkeit aktiver Verteidigung gegen einen großangelegten nuklearen Raketenangriff, als auch in dem Vorhandensein eines wirksamen Schutzes der Bevölkerung sowie wichtiger Versorgungs- und Industrieanlagen gegen einen solchen Angriff Faktoren, die geeignet sind, das gegenwärtig vorhandene Gleichgewicht des nuklearen Schreckens zu destabilisieren, weil sie mir — nach dem gegenwärtigen Stand meiner Einsicht — die einzigen technologischen Mittel zu sein scheinen, die es einem nuklearen Aggressor ermöglichen könnten, den nuklearen Gegenschlag seines Angriffsopfers abzuwehren bzw. zu überleben. Ich bin daher der Ansicht, daß Abrüstungsverhandlungen auch die Mittel für aktive und passive Verteidigung gegen einen nuklearen Angriff miteinbeziehen sollten. Erlauben Sie hier einen Rückgriff auf die Kriegsgeschichte! Stets haben die Sieger die Besiegten gezwungen, ihre Festungen zu schleifen, um so den Besiegten, aufgrund ihrer damit erzielten größeren Verwundbarkeit, etwa vorhandene Revanchegelüste auszutreiben. Warum also nicht freiwillig auf beiden Seiten solche Verwundbarkeit auf sich nehmen als augenfälligen Beweis für beiderseitigen Friedenswillen?

Nun, wir sind von solcher Einstellung zur Sicherheitspolitik heute noch weit entfernt. Leider gibt es auch heute noch keine grimmigeren Vertreter geopolitischer Glaubensgrundsätze und militärischer Machtpolitik als die Herrscher im Kreml. Und somit würde defensive Schwäche des Westens von den sowjetischen Machthabern falsch interpretiert werden, nämlich als Zeichen schwächlichen

Nachgebens gegenüber sowjetischer Stärke. Sind wir folglich in einer Situation, in der die Sowjets uns im Westen zwingen, ihr beschränktes sicherheitspolitisches Denken zu übernehmen? Ich meine, daß wir dies auf die Dauer nicht zulassen können. Auf jeden Fall ist unsere Sicherheitspolitik nicht nur vom militärischen Standpunkt her zu konzipieren, sondern hat die großen globalen Probleme des Nord-Süd-Konfliktes, die gemeinsam ein alle bedrohendes Problemsyndrom bilden, zu berücksichtigen. Die Art und Weise, wie die industrialisierten Nationen des „Nordens" in Ost und West gemeinsam mit den wirtschaftlich zurückgebliebenen Völkern des „Südens" die immer tiefer werdende Wohlstandskluft zu überwinden suchen, ist auch mitentscheidend für die globale Friedenserhaltung und damit für die nationale Sicherheit aller Nationen, auch wenn die hier — gegenwärtig noch latent — vorhandene Friedensbedrohung nicht so handgreiflich erscheint, wie die durch das gegenwärtige Wettrüsten ausgelöste.

Der Friede ist eben nicht allein durch die andauernden — zwar zuweilen nachlassenden, aber dann immer wieder sich verschärfenden — Ost-West-Spannungen gefährdet. Langfristig sehe ich den Nord-Süd-Konflikt sogar noch als bedrohlicher an. Die Wohlstandskluft zwischen den industrialisierten Regionen und den Entwicklungsländern darf sich nicht weiter wie bisher vertiefen.

Nun, was hat dies alles mit dem Thema, „Wege in die Zukunft", zu tun? Ohne dauerhaften Frieden wird es eben keine Zukunft geben.

Das ist der eine Grund, warum ich mich vor Ihnen mit der Frage von Krieg und Frieden verhältnismäßig ausführlich auseinandergesetzt habe. Der andere hat mit Max Born zu tun, der heute vor 100 Jahren geboren wurde und in seinem langen Leben nicht nur Zeuge, sondern als Forscher und Hochschullehrer auch Mitbegründer einer Entwicklung wurde, die schließlich zur Schaffung der schrecklichsten Vernichtungswaffe führte. Er hatte in seinen letzten 25 Lebensjahren unaufhörlich sich an der Suche nach Frieden beteiligt und hat trotz der Ergebnislosigkeit seiner und der Bemühungen vieler anderer nie aufgegeben, und somit auch jeden von uns herausgefordert, dieser für unser und unser Kinder Überleben entscheidenden Aufgabe — jeder nach seinen Kräften und Möglichkeiten — zu dienen.

Dann werden auch gangbare Wege in die Zukunft quasi von selbst gefunden; denn die Wege, die zum Überleben in Frieden auf diesem kleingewordenen Planeten führen, auf dem wir einem gemeinsamen Schicksal nicht entgehen können, dies sind auch die Wege, die zu einer gerechten und durchhaltbaren wirtschaftlichen Entwicklung in aller Welt, so unterschiedlich sie auch in den verschiedenen Weltregionen sein mag, die zu einer menschlichen Gesellschaft, in der gegenseitige Verantwortung und Solidarität vorherrschen, die zu kulturellem Fortschritt und Vielfalt und schließlich auch zu einer harmonischen Einbettung menschlichen Lebens in die Natur führen. Denn alle diese Wege haben das gemeinsam, daß sie alle zu einer Umkehrung des eingangs erwähnten Säkularisierungsprozesses führen, daß sie alle die gleichen Wertvorstellungen erfordern, ohne die weder der eine noch der andere Weg in die Zukunft begangen wird. Alle diese Wertvorstellungen tragen wir in uns.

Wir Christen mögen sie schlicht als christlich bezeichnen; doch sie leben auch in den Herzen der Menschen anderer religiöser Überzeugungen. In aller Welt sind jedoch auch Wertvorstellungen wirksam, welche die Menschen auf andere Wege, die — wie ich meine — ins Verderben führen, lenken. Damit diese nicht die Oberhand gewinnen, darf unser Staatswesen — und man sollte immer zu Hause den Anfang machen, bevor man anderen „gute Ratschläge" erteilt — nicht so aufgeweicht werden, daß moralische wie intellektuelle Opportunisten auf leichte Weise zum Erfolg kommen können. So würden auf der einen Seite falsche Vorbilder entstehen und auf der anderen der Abscheu wachsen, besonders bei den jungen Menschen, gegen einen Staat, in dem politischer und wirtschaftlicher Eigennutz floriert.

Wir brauchen also — wie in Ernst Albrechts „Der Staat — Idee und Wirklichkeit" ausführlich dargestellt (1976: 256) — einen Staat, der das Zusammenleben der Menschen in einer Weise ordnet, die ein menschenwürdiges, d.h. ein dem Menschen als selbstverantwortlichem geistig-sittlichem Wesen gemäßes Dasein ermöglicht und fördert. Darum kann die Garantie der Menschenwürde nicht ohne Gesetz und Ordnung und somit auch nicht ohne Herrschaft von Menschen über Menschen gewährleistet werden. Letztere ist Voraussetzung für die Wirksamkeit des Staates, in dem Ordnung, gegründet auf Gerechtigkeit, seine eigentliche Leistung darstellt, Friede nach innen und außen die unmittelbare Folge ist. In diesem Sinne sollten die an der politischen und sozialen Architektur unseres Gemeinwesens arbeitenden Politiker ordnungspolitische Rahmenbedingungen schaffen, in denen die Menschen sich gehalten sehen, christliche Tugenden zu entfalten, welche von den Mächtigen mehr Opfer verlangen als von den Schwachen; Opfer, die — wenn nicht sofort — doch in absehbarer Zeit auch denen zugute kommen, die sie erbracht haben. In diesem Sinne kann ich — wie schon bei der Entgegennahme des Friedenspreises für den Club of Rome vor mehr als neun Jahren — auch heute nicht treffender meinen Vortrag beenden als mit dem Appell, mit dem Friedrich Schiller am Vorabend der französischen Revolution seine Antrittsvorlesung in Jena beendete (Schiller, Werke 1966, Bd. IV: 767):

„Und welcher unter Ihnen, bei dem sich ein heller Geist mit einem empfindenden Herzen gattet, könnte dieser hohen Verpflichtung eingedenk sein, ohne daß sich ein stiller Wunsch in ihm regte, an das kommende Geschlecht die Schuld zu entrichten, die er dem vergangenen nicht mehr abtragen kann? Wie verschieden auch die Bestimmung sei, die in der bürgerlichen Gesellschaft Sie erwartet — etwas dazusteuern können Sie alle!"

Literatur

Albrecht, E.: Der Staat — Idee und Wirklichkeit, Grundzüge einer Staatsphilosophie. — Seewald, Stuttgart 1976.
Bertaux, P.: Mutation der Menschheit. — List, München 1971.
Born, M.: Von der Verantwortung eines Naturwissenschaftlers. — Nymphenburger Verlagshandlung, München 1965.

Burckhardt, J.: Weltgeschichtliche Betrachtungen. – Deutscher Taschenbuch-Verlag, München 1978.
Friedrichs, G. & Schaff, A. (Hrsg.): Auf Gedeih und Verderb, Mikroelektronik und Gesellschaft, Bericht an den Club of Rome. – Europa-Verlag, Wien 1982.
Gromyko, A.A.: Friedliche Koexistenz – der leninistische Kurs der Außenpolitik der Sowjetunion (russ.). – Institut für Internationale Beziehungen, Moskau 1952. Ausführliches Zitat in „Das Sowjetische Konzept der Korrelation der Kräfte und seine Anwendung auf die Außenpolitik". – Haus Rissen, Hamburg 1982.
Keeny, S.M., Jr. & Panovsky, W.K.H.: MAD versus NUTS, S. 287 ff. – Foreign Affairs, Winter 1981/82.
Kennan, G.F.: Warum denn nicht Friede?, Rede anläßlich der Verleihung des Friedenspreises des deutschen Buchhandels 1982. – Börsenverein des deutschen Buchhandels e.V., Frankfurt 1982.
Kennedy, R.: Dreizehn Tage. Wie die Welt beinahe unterging. – Verlag Darmstädter Blätter, 2. Aufl., Darmstadt 1982.
Kissinger, H.A.: Referat in Brüssel am 1. September 1979.
Meissner, B.: The Brezhnev Doctrine. – East Europe. Monogr. Nr. 2, Kansas City, Dec. 1970.
Mumford, L.: Mythos der Maschine. – Europa-Verlag, Wien 1974.
Der Palme-Bericht: Bericht der Unabhängigen Kommission für Abrüstung und Sicherheit, S. 88. – Severin & Siedler, Berlin 1982.
Peccei, A.: Die Zukunft in unserer Hand. – Fritz Molden, Wien 1981.
Pestel, E.: Prinzipien und Triebkräfte sowjetischer Außenpolitik. – Haus Rissen Jahrbuch 1981/82, Hamburg 1982.
Pestel, E. et al.: Das Deutschlandmodell. – DVA, Stuttgart 1978.
Pierre, A.J.: Arms Sales: The New Diplomacy, Foreign Affairs. – Winter 1981/82.
Ponomarev, B. et al. (Hrsg.): Geschichte der Außenpolitik der Sowjetunion (russ.), Bd. 2. – Moskau 1971.
Schiller, F.: Was heißt und zu welchem Ende studiert man Universalgeschichte, eine akademische Antrittsrede in Jena 1789. – Sämtliche Werke, Bd. IV, Carl Hanser, München 1966.
Sipri: Rüstungsjahrbuch 1980/81. – Rowohlt Taschenbuch-Verlag, Hamburg 1980.
Sivard, R.L. (Hrsg.): World Military and Social Expenditures 1980. – World Priorities, Leesburg, Va. 22075, USA.
Weizsäcker, C.F. von: Wege in der Gefahr. – Carl Hanser, München 1976.

Wissenschaft und Industrialisierung – Zur Verantwortung des Wissenschaftlers

von Hans CORDES

Mit 6 Abbildungen und 2 Tabellen

1. Vorbemerkung

Etwa um 1970 endete eine Periode, in der alles, was mit dem technischen Fortschritt zusammenhing, in der Öffentlichkeit — besonders in den Massenmedien — vorwiegend euphorisch und mit meist kritikloser Zustimmung behandelt wurde. In den Jahren seit 1970 erleben wir eine Phase, in der Technik und Industrie für fast alle Übel dieser Welt verantwortlich gemacht werden. Statt einer vernünftigen abgewogen-nüchternen Einstellung begegnet man in vielen Fällen einer zunehmend unsachlichen Kritik mit oft geradezu selbstzerstörerischen Zügen. Bemerkenswert ist aber, daß weder die weitgehend kritiklose Verherrlichung des technischen Fortschrittes, noch die heute übliche überkritisch-einseitige — oft schon bösartige — Verurteilung kaum von praxiserfahrenen Naturwissenschaftlern oder Technikern ausing oder ausgeht; Wortführer sind überwiegend Geistes- und Gesellschaftswissenschaftler sowie Journalisten. Und die Massenmedien stellen sich — unter Vernachlässigung der Verpflichtung zur sachlichen Information — als verstärkende Sprachrohre willig zur Verfügung. Hinzu kommt die Erscheinung der von Frau Noelle-Neumann (1982) sehr eindrucksvoll beschriebenen „Schweigespirale". Durch das Zusammenwirken dieser beiden Komponenten wird die gegenwärtige Position gewisser Teile der Öffentlichkeit gegenüber Technik und Industrie, die insbesondere durch Irrationalität und weltfremdes Wunschdenken gekennzeichnet ist, wie auch die verbreitete Verunsicherung des an sich aufgeschlossenen, aber unzureichend informierten Bürgers, verstehbar. Die überwiegend einseitig interpretierte Meinungsfreiheit durch viele „Meinungsbildner" in den Massenmedien verhindert für den normalen Bürger fast jede sachliche Information.

Ich möchte nun versuchen, eine Antwort zu finden auf die Frage nach der Rolle der Industrie in unserer Gesellschaft und der Bedeutung der Wissenschaft bei der Entstehung der Industrie und bei ihrer Entwicklung bis in die Gegenwart. Mein eigenes Tätigkeitsgebiet legt es nahe, daß ich dabei überwiegend auf Beispiele und Vorgänge aus der chemischen Industrie zurückgreife. Abschließend folgen noch einige Gedanken zur Verantwortung des Wissenschaftlers.

2. Zur Tätigkeit der chemischen Industrie

Maßgebliche Impulse zur Entstehung der chemischen Industrie sind in der zweiten Hälfte des 18. Jahrhunderts vom Textilsektor ausgegangen. Eine genauere Analyse zeigt aber, daß der entscheidende und im Hintergrund wirksame Vorgang (Cordes 1976) die in West- und Mitteleuropa einsetzende neuzeitliche „Bevölkerungsexplosion" gewesen ist (Abb. 1). Diese setzte ein, als nach 1720 keine Pestepidemien mehr — wie bis dahin seit 1350 üblich — auftraten. Die noch für Jahrzehnte gleichbleibend hohe Geburtenrate führte, bei erniedrigten Sterberaten, zum Beginn einer starken Bevölkerungsvermehrung; im Verlauf der folgenden 200 Jahre stiegen die Einwohnerzahlen der meisten Länder auf insgesamt etwa das acht- bis zehnfache der Ausgangswerte an. Diese neuzeitliche „Bevölkerungsexplosion" hat inzwischen — im Gefolge der modernen europäischen Medizin — eine Region nach der anderen in der Welt erfaßt; in vielen Ländern ist sie noch im Anfangsstadium.

In England hat sich die Einwohnerzahl zwischen 1700 und 1800 etwa verdoppelt. Das verursachte einen stark ansteigenden Bedarf an Textilrohstoffen. Die Baumwolle — insbesondere aus Mittel- und Nordamerika — mußte in großem Umfang für die Deckung (Hobsbawn 1969) der Nachfrage herangezogen werden;

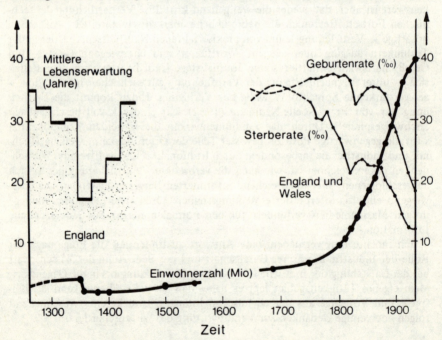

Abb. 1. Die Entwicklung der Einwohnerzahlen in England seit 1300 (mit Wales seit 1690) bis zur Gegenwart.

die einheimischen Rohstoffe Wolle und Leinen reichten nicht mehr aus. Nach 1760 wurden aber auch schon beachtliche Anteile der Produktion exportiert. Die Baumwolle erfordert aber sowohl bei der Verarbeitung als auch beim Gebrauch einen verhältnismäßig großen Einsatz von Hilfsmitteln, insbesondere für Wasch- und Reinigungszwecke; eine besonders wichtige Rolle spielte dabei die Soda. Neben den Seifensiedereien waren auch die Glasfabriken auf Soda als Vorprodukt angewiesen.

2.1. *Der LeBlancsche Soda-Prozeß*

Soda wurde damals aus natürlichen Vorkommen — z.B. den Sodaseen in Nordafrika — oder aus der Asche von Strand- und Meerespflanzen gewonnen. Frankreich deckte seinen Sodabedarf überwiegend durch Importe aus Spanien. Störungen des Handelsverkehrs durch kriegerische Ereignisse und eine steigende Nachfrage führten um 1770 zu einer Soda-Verknappung. Daher wurde die Akademie der Wissenschaften 1775 veranlaßt, ein Preisausschreiben bekannt zu geben, mit dem Chemiker und Techniker aufgefordert wurden, ein Verfahren zur Herstellung von Soda aus einheimischen Rohstoffen zu entwickeln. Nach etwa fünfzehn Jahren wurde der Preis dem für chemische Fragen sehr interessierten Leibarzt des Herzogs von Orleans, N. LeBlanc (Bloch 1974), zuerkannt. Mit dem neuen Verfahren, das die Rohstoffe Kochsalz, Kalk und Schwefelsäure erforderte, und von LeBlanc unter Mitwirkung von Professoren aus Pariser Hochschulen 1791 in die Praxis übertragen wurde, beginnt die Geschichte der chemischen Industrie. Die chemische Industrie — wie wir sie nach heutiger Abgrenzung der Produktpalette verstehen — ist ohne handwerkliche Vorstufe, ausgelöst durch Impulse aus der Textilindustrie, direkt aus der wissenschaftlichen Chemie (Treue 1966: 25 ff.) hervorgegangen.

Schon der LeBlanc-Prozeß macht einige Besonderheiten sichtbar, die auch heute noch charakteristisch sind für die chemische Industrie:

1. Anregungen und Wünsche aus Wissenschaft und Praxis veranlassen die Entwicklung neuer chemischer Verfahren; das war z.B. noch während des ganzen 19. Jahrhunderts durch und für den Textilsektor der Fall. Umgekehrt werden die Produktionsbedingungen in anderen Bereichen der Wirtschaft durch neue Verfahren der chemischen Industrie verbessert. Seife und Glas sind erst durch die billige LeBlanc-Soda zu Massenprodukten (Bloch 1974) geworden.

2. Schon beim LeBlanc-Prozeß traten Umweltprobleme auf, die zu Verfahrensänderungen zwangen. Die Forschung erwies sich als das wirkungsvollste Instrument für die Entwicklung neuer Methoden zur Beseitigung von Umweltbelastungen.

Im ersten Schritt des LeBlanc-Verfahrens entsteht als nicht weiter erforderliches Koppelprodukt Chlorwasserstoff:

$$2\,NaCl + H_2SO_4 \longrightarrow Na_2SO_4 + 2\,HCl$$

Zunächst wurde dieses Gas mit den Verbrennungsgasen „über Dach gefahren". Die massiven Proteste der Anwohner führten bald zum Verbot der Chlorwasserstoff-Emission. Die Soda-Hersteller haben aber schon vor 1800 unter Mithilfe der wissenschaftlichen Chemie die Umwandlung des Chlorwasserstoffs in elementares Chlor (Färber 1974, Treue 1966: 42) an ihr Verfahren angekoppelt. Damit wurden dem Textilsektor wertvolle und sehr erwünschte Bleichmittel zugänglich gemacht. Schließlich entwickelte sich der LeBlanc-Prozeß im Verlauf des 19. Jahrhunderts zur technisch bedeutsamen Chlorquelle (Hund & Minz 1982: 379, 495); aus dem lästigen Koppelprodukt wurde ein wertvolles Zwischenprodukt.

Im letzten Schritt des LeBlanc-Verfahrens fällt als Koppelprodukt neben der gewünschten Soda Calciumsulfid an:

$$Na_2SO_4 + 4\,C \longrightarrow Na_2S + 4\,CO$$
$$Na_2S + CaCO_3 \longrightarrow CaS + Na_2CO_3$$

Trotz intensiver Bemühungen hat man dafür bis heute keine technische Verwertungsmöglichkeit finden können. Dieser Festkörper, der nach dem Herauslösen des Natriumkarbonates mit Wasser aus dem abgekühlten Schmelzkuchen der Bildungsreaktion als unlöslicher Rückstand beim Filtrieren zurückbleibt, wurde daher oft neben den Sodafabriken auf Halden gelagert. Die Belästigung der Umgebung durch den langsam aber kontinuierlich durch die Kohlensäure (CO_2) der Luft freigesetzten Schwefelwasserstoff kann man sich leicht ausmalen. In diesem Fall war die Umweltbelastung aber offensichtlich nicht so gravierend, daß ähnliche Maßnahmen wie im Fall des Chlorwasserstoffs ergriffen worden wären. Jahrzehntelange intensive Bemühungen führten erst nach 1860 zum Ammoniak-Soda-Verfahren von Solvay, bei dem als Koppelprodukt nur das wasserlösliche Calciumchlorid ($CaCl_2$) zurückbleibt; die letzten LeBlanc-Anlagen sind aber erst gegen 1920 stillgelegt worden.

Zusammenfassend kann man festhalten, daß bereits das erste Verfahren der chemischen Industrie durch das Auftreten umwelt-belastender Koppelprodukte gekennzeichnet war. Eine Güterabwägung zwischen der Intensität der Belästigung und den Vorteilen für die Volkswirtschaft, eine ständige Nutzen/Lasten-Abschätzung, veranlaßte entweder Gegenmaßnahmen zur Abstellung der Belastung oder führte zur Tolerierung. Und genau dieser Lage, der ständigen Güterabwägung zwischen den erwünschten Ergebnissen einer technischen Entwicklung und den dafür in Kauf zu nehmenden unerwünschten Begleiterscheinungen, sieht sich die chemische Industrie auch heute noch gegenüber. Allerdings ist zu bedenken, daß der Zwang zur Güterabwägung schon zu den unausweichlichen Notwendigkeiten des menschlichen Alltags gehört.

2.2. Die Pharmaindustrie

Zu den schlimmsten Unzuträglichkeiten in einer vorindustriellen Gesellschaft gehört die Machtlosigkeit des Menschen in seiner Umwelt (Cordes 1976) bei den

Bemühungen um eine ausreichende Befriedigung elementarer Bedürfnisse. Das betrifft vor allem die Sicherung einer ausreichenden Ernährung und die Erhaltung der Gesundheit oder den Schutz vor Krankheiten. Gerade in dieser Hinsicht hat die chemische Industrie mit ihrer intensiven Forschung entscheidende Beiträge zur Eindämmung elementarer Bedrohungen aus der Umwelt geleistet.

Die stürmische Evolution der chemischen Industrie setzte mit der Herstellung synthetischer Farbstoffe um 1860 ein. Möglich wurde sie, nachdem die Wissenschaft mit der neuen Strukturlehre die Voraussetzungen für eine planmäßige Forschung geschaffen hatte. Wichtigster Rohstoff für die neue Technologie wurde der Steinkohlenteer; daher sprach man auch von Teerfarbstoffen. Damit trug die chemische Industrie durch Beseitigung und Verwertung des Teers aus der Kohleentgasung bzw. Koksherstellung entscheidend zur Lösung eines jahrzehntealten Umweltproblems im Energiesektor bei.

Ursprünglich hatte die um 1735 einsetzende Herstellung des Steinkohlenkokses für die Eisengewinnung (Treue et al. 1966: 96) — bis dahin diente Holzkohle als Reduktionsmittel für die oxidischen Erze — den Raubbau an den englischen Wäldern gestoppt (Rübberdt 1972: 25) und damals als Umweltschutzmaßnahme gewirkt. Für das gasige Koppelprodukt der Kohleentgasung, das Steinkohlengas, wurde nach einigen Jahrzehnten eine Verwendung als Energieträger für Heiz- und Beleuchtungszwecke gefunden. In europäischen Großstädten wurden etwa ab 1800 Entgasungsanlagen gebaut, die primär zur Herstellung des Kohlegases (v. Meyer 1914, Treue 1966: 44 ff., Rübberdt 1972: 116) oder Stadtgases dienten; daraus entwickelte sich im 19. Jahrhundert die umfangreiche Ortsgaswirtschaft. Das flüssige Koppelprodukt der Entgasung, der Steinkohlenteer, blieb für lange Zeit ein unbrauchbares und nutzloses Abfallprodukt. Der Eisenbahnausbau ab 1840 erforderte eine stark anwachsende Eisenproduktion und damit größere Mengen an Koks. Der zwangsläufig anfallende unverwertbare Teer führte bis zum Aufblühen der Teerfarbenchemie (Beer 1975, Rübberdt 1972: 141 ff.) ab etwa 1870 zu typischen Umweltproblemen.

Aus der Teerfarbenforschung ging etwa ab 1880 — von der Art der Chemie her ist das naheliegend — die Pharmachemie hervor. Mit den neuartigen Wirkstoffen, insbesondere den Chemotherapeutika (Rübberdt 1972: 146, v. Meyer 1914: 525 ff.), wurden dem Mediziner Mittel in die Hand gegeben, von denen die Ärzte seit Jahrtausenden nur hatten träumen können. In den hundert Jahren seit dem Bestehen der Pharmachemie hat sich die mittlere Lebenserwartung des Menschen in den Industriestaaten rund verdoppelt (Abb. 2). Die größten Erfolge wurden bei den akuten Bedrohungen, insbesondere bei der Bekämpfung der Infektionskrankheiten, erzielt. Die Hauptnutznießer dieser Entwicklung sind Säuglinge, Kleinkinder, Jugendliche und jüngere Menschen bis zum Alter von etwa 30 Jahren. Beachtliche Erfolge sind auch schon für ältere Menschen erreicht worden (Abb. 3). Aber die großen Aufgaben der Zukunft im Bereich des Gesundheitsschutzes liegen gerade bei der Abwendung chronischer und degenerativer Leiden, die vor allem ältere Menschen belasten.

Eines der mächtigen Motive für die Tätigkeit eines Forschers in der Pharma-

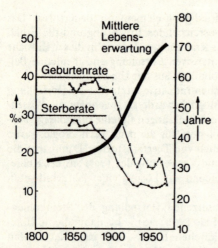

Abb. 2. Verlauf von Geburtenrate (Natalität) und Sterberate (Mortalität) in ‰ sowie der mittleren Lebenserwartung für Neugeborene in Deutschland in den letzten 170 Jahren.

chemie ist auch heute noch — darüber sollte man nicht mit Bagatellisierungsversuchen hinweggehen — der Wunsch, mit den Ergebnissen der Bemühungen leidenden Menschen zu helfen. Dieser ethische Imperativ hat seit Dessauer (Stork 1977: 175 ff.) seine Bedeutung nicht verloren.

Allerdings stehen auch hier den erwünschten Vorteilen zwangsläufig unausweichliche und ernste Probleme gegenüber. Die moderne Medizin hat beispielsweise den natürlichen Evolutionsprozeß unterbrochen; eine Selektion — wie noch vor 100 Jahren — gibt es für den Menschen praktisch nicht mehr. Die volle Tragweite der mit der allgemeinen Verlängerung des Lebens und der damit zwangsläufig verbundenen Degeneration des Genpools in den Industriegesellschaften zu erwartenden negativen Konsequenzen kann heute erst andeutungsweise geahnt werden.

2.3. *Die Ammoniak-Synthese*

Die Ertragskraft des Bodens, insbesondere eine Steigerung im Hinblick auf die Nahrungsmittelproduktion, war um 1800 im „Zeitalter des Pauperismus" — der zunehmenden Massenverelendung — ein vieldiskutiertes und in zahlreichen Publikationen behandeltes Problem. In den vorhergehenden Jahrzehnten waren zwar einige beachtliche Fortschritte (Cordes 1976) erzielt worden:

1. durch die Einführung der Kartoffel als Grundnahrungsmittel,
2. durch die Verbesserung der Dreifelderwirtschaft und
3. durch die Kultivierung großer Moore und Brüche.

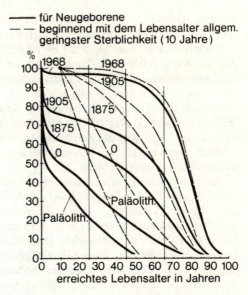

Abb. 3. Überlebenskurven (Sterbetafeln) für Bevölkerungsgruppen zu verschiedenen Zeiten. Kurven für 1875, 1905 (Zehnjahresmittelwerte) und 1968 (Dreijahresmittelwerte) nach „Deutschen Sterbetafeln" und Statistischen Jahrbüchern für die Bundesrepublik Deutschland. Daten für Altertum und Paläolithikum nach paläoanthropologischen Untersuchungen; vgl. G. Acsadi & J. Nemeskeri: History of Human Lifespan and Mortality. Akademiai Kiado, Budapest 1970. In den unterbrochenen Kurven sind die Überlebensraten für das Lebensalter geringster Sterblichkeit (10 Jahre) jeweils gleich 100 gesetzt. Damit wird die Säuglings- und Kindersterblichkeit eliminiert, und die Lebenschancen der älteren Menschen werden verdeutlicht.

Die ständig wachsenden Einwohnerzahlen machten aber in Mittel- und Westeuropa, wenn eine Katastrophe vermieden werden sollte, zusätzliche Maßnahmen erforderlich.

Von Liebig wurde um 1840 festgestellt, daß grüne Pflanzen autotrophe Organismen sind und als Nährstoffe ausschließlich anorganische oder mineralische Stoffe benötigen. Damit war der Weg vorgezeichnet, auf dem die Ertragskraft des Bodens wirksam verbessert werden kann. Man muß die Verluste des Bodens an Nährstoffen durch die Ernten ausgleichen und durch Mineraldüngung das Gesamtangebot dem Bedarf der Pflanzen anpassen (Buchner & Sturm 1980) und optimieren.

Für einige der wichtigsten Makronährstoffe, für Kalium (K), Phosphor (P) und Calcium (Ca) konnten schon nach relativ kurzer Zeit mineralische Produkte bzw. anorganische Verbindungen angegeben werden, die in großen Mengen unter wirtschaftlich vertretbaren Bedingungen für den Landwirt als Mineraldünger verfügbar sind. Diese Produkte müssen für Pflanzen verträglich und der in ihnen enthaltene Nährstoff muß für Pflanzen verfügbar sein.

Unbefriedigend aber blieb die Bereitstellung stickstoffhaltiger Mineraldünger. Nur als Zwischenlösungen konnte man die Verwendung von Chilesalpeter oder von Ammoniumsulfat — dem „schwefelsauren Ammoniak" — aus dem Ammoniakwasser der Kohleentgasung ansehen. Die unbefriedigende Situation um 1900 wurde schlaglichtartig in der berühmten Rede des englischen Naturforschers Sir William Crookes (v. Nagel 1970a) aus dem Jahre 1898 beleuchtet (vgl. Beispiel 3 in Abschnitt 3.1). Aus der Zeit zwischen 1890 und 1914 sind zahlreiche weitere, letztlich aber vergebliche, Versuche bekannt, das „Stickstoff-Problem", wie man es damals oft nannte, zu lösen.

Als brauchbare Problemlösung erwies sich schließlich die Elementarsynthese (Holdermann 1954, v. Nagel 1958) des Ammoniaks nach Haber und Bosch. Aus dem Ammoniak sind zahlreiche Folgeprodukte leicht zugänglich, die den Makronährstoff Stickstoff in verträglicher und verfügbarer Form für Pflanzen enthalten. Die erste Fabrik zur technischen Herstellung von Ammoniak konnte 1913 die Produktion aufnehmen. Dieser Prozeß gilt im Hinblick auf die Welternährung als das für das Schicksal der Menschheit bedeutsamste von der Technischen Chemie im Verlauf der letzten 200 Jahre hervorgebrachte Verfahren.

Zusammen mit der Verbesserung landbautechnischer Methoden und dem Pflanzenschutz konnte die Nettobodenproduktion in Deutschland zwischen 1800 und 1960 etwa verzehnfacht werden (Tab. 1). Und diese Entwicklung ist keineswegs abgeschlossen (Abb. 4). Als Ergebnis können sich die Länder der Europäischen Gemeinschaft heute praktisch aus den Erträgen des eigenen Bodens ernähren (Tab. 2); bei einigen Produkten werden sogar beachtliche Überschüsse produziert. Bis tief ins 19. Jahrhundert auch in Europa immer wieder ausbrechende Hungersnöte gehören heute der Vergangenheit an.

Tabelle 1. Erträge der deutschen Landwirtschaft.

		1800	1900	1960/65
Weizen	dt/ha	10,3	18,5	32,6
Roggen	dt/ha	9,0	14,9	27,3
Hafer	dt/ha	6,8	12,4	28,9
Ochsen	(Schlachtgewicht in kg)	160	200	300
Milchertrag	(kg/Kuh · Jahr)	860	1200	3620
Eier	(Stück/Huhn · Jahr)	30	60	190
Nettro-Bodenproduktion (Getreidewerte/ha Nutzfläche)		4,5	13,1	44,2

Netto-Bodenproduktion = pflanzliche und tierische Erzeugung nach Abzug vom Saatgut, Spannviehfutter und Importen; nach H. Glatzel: Die Ernährung in der technischen Welt, S. 213. Hippokrates Verlag, Stuttgart 1970.

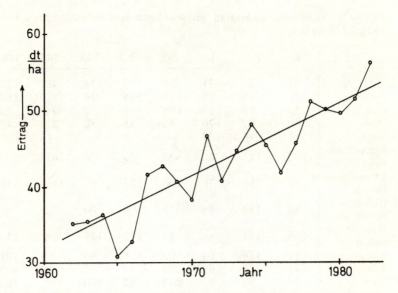

Abb. 4. Mittlere jährliche Ernteeträge bei Winterweizen in der Bundesrepublik Deutschland seit 1962. Nach: Statistische Jahrbücher für die Bundesrepublik Deutschland 1966 bis 1982.

Die Industrialisierung ist auch als gesellschaftliche Reaktion auf die für den normalen Bürger kümmerlichen Lebensbedingungen in einer vorindustriellen Gesellschaft zu beschreiben. Auf dieser Entwicklungsstufe hält eine erbarmungslose natürliche Umwelt für die meisten Menschen kein anderes Schicksal bereit wie für Mäuse, Hirsche oder Affen auch. Wichtigstes Instrument zur Veränderung der Lebensbedingungen ist die naturwissenschaftliche Forschung. Aus den Forschungsergebnissen entspringen Handlungsanweisungen, insbesondere für die Gestaltung von Produktionen zum Wohle des Menschen. Dabei wird oft übersehen, in welchem Umfang Forschung und Industrialisierung grundlegende und aus heutiger Sicht auch unverzichtbare Änderungen der Sozialstrukturen und der Stellung des Menschen in der Gesellschaft bewirkt haben.

3. Begleiterscheinungen der Industrialisierung

3.1. *Das Problem der Wachstumsgrenzen*

Die Geschwindigkeit der technischen Entwicklung hat sich im Verlauf des Industrialisierungsprozesses zunehmend beschleunigt. Diese Zunahme dürfte in erster Linie auf die wachsende Anzahl von Forschern und auf die sich ständig ausdeh-

Tabelle 2. Selbstversorgungsgrad bei wichtigen landwirtschaftlichen Produkten 1978/1979 (in %).

	D	F	I	NL	B/L	GB	IRL	DK	EG
Getreide	91	172	71	30	53	78	96	114	101
Zucker	127	196	98	165	245	44	128	183	124
Gemüse	33	93	118	195	114	79	94	70	94
Obst	50	97	126	55	55	34	25	48	77
Wein	51	98	139	—	4	—	—	—	102
Rind-/Kalbfleisch	102	111	60	135	95	76	563	294	99
Schweinefleisch	88	84	76	224	171	62	145	350	100
Geflügelfleisch	58	113	98	275	94	100	102	228	103
Magermilchpulver	165	111	—	51	142	131	768	152	107
Butter	132	114	64	505	116	40	336	301	117
Käse	97	118	69	262	40	67	580	409	107
Eier	77	97	96	245	152	100	97	103	100

1978/79 bei pflanzlichen Erzeugnissen
1978 bei Schweine- und Geflügelfleisch, Magermilchpulver und Eiern
1979 bei Rind-/Kalbfleisch, Butter und Käse
Nach: Statistisches Amt der Kommission der Europäischen Gemeinschaften.

nende Breite von Forschung und Entwicklung zurückzuführen sein. Die häufig in den Massenmedien zu hörende Aussage, die Innovationszeiten seien heute kürzer als früher, gilt so generell nicht. Auch heute — wie früher — kennen wir Beispiele für kurze, lange und auch sehr lange Innovationszeiten.

Die beschleunigte Entwicklung bewirkt aber auch immer häufiger punktuelle Annäherungen an „Wachstumsgrenzen". Das Wort „Wachstumsgrenzen" hat sich zwar erst in den letzten Jahren eingebürgert; die zugrunde liegende Erscheinung ist uralt und eine zwangsläufige Randbedingung (Braunbeck 1973) realer Wachstumsvorgänge. Es ist auch nicht verwunderlich, daß im Zusammenhang mit sichtbar werdenden Wachstumsgrenzen Prognosen über die noch verfügbare Frist bis zum vermuteten Eintritt der durch das Erreichen einer Wachstumsgrenze ausgelösten — meist sehr unerfreulichen — Begleiterscheinungen gemacht werden.

Dazu einige Beispiele:
1. Eine bis in die Gegenwart viel diskutierte Prognose aus der Zeit der beginnenden neuzeitlichen „Bevölkerungsexplosion" und der einsetzenden Industrialisierung um 1800 stammt von dem englischen Pfarrer und Nationalökonomen Robert Malthus. Die Inhalte brauchen wegen des hohen Bekanntheitsgrades hier nicht erläutert zu werden. Daß jede Prognose eine „Brücke ins Ungewisse" dar-

stellt, wird schon an diesem frühen Beispiel deutlich. Die Malthusianischen Vorhersagen haben sich in den meisten europäischen Ländern nicht erfüllt. Die Formulierung eines Bevölkerungsgesetzes in mathematischer Gestalt war unvorsichtig. Der Industrialisierungsprozeß hat die Randbedingungen nach 1830 in einer nicht vorhersehbaren Weise so grundlegend verändert, daß die mathematisch formulierten Vorhersagen gar nicht eintreten konnten. Auf der anderen Seite sind die qualitativen Aussagen von Malthus heute unbestrittene Bestandteile der Populationsdynamik.

Ein Ereignis, das eine schlimme Bestätigung der qualitativen Vorhersagen von Malthus geliefert hat, wird heute kaum irgendwo erwähnt: die Vorgänge von 1845 bis 1847 in Irland (Cordes 1976). Nach einer jahrzehntelangen Periode eines, trotz parallel verlaufender Auswanderung, ungehemmten Bevölkerungswachstums und bei einer für eine Agrargesellschaft in Westeuropa ungewöhnlichen Bevölkerungsdichte von schließlich über 90 Menschen pro km^2, setzte ein natürlicher Regelmechanismus zur Reduktion der Bevölkerungsdichte ein. In den Jahren 1845, 1846 und 1847 wurde bei feucht kühlen Sommern die Kartoffel von der Kartoffelfäule (der phytophthora infestans) befallen; die Kartoffelernten dieser Jahre sind dadurch fast vollständig vernichtet worden. Die Kartoffel war inzwischen aber zum Grundnahrungsmittel der irischen Bevölkerung geworden. In den drei Jahren sind fast 1 Million Menschen, über 10% der Bevölkerung von 1844, dem Hunger und den begleitenden Hungerkrankheiten, insbesondere dem Typhus, zum Opfer gefallen. Man sprach im 19. Jahrhundert von der größten Katastrophe des Jahrhunderts; heute ist sie merkwürdigerweise bei uns praktisch vollständig vergessen. Die Einzelheiten dieses Vorganges sind übrigens eindrucksvolle Bestätigungen der Populationsdynamik, der Regulation einer Population durch das Nahrungsangebot (Abb. 5). Ohne eine Industrialisierung wären die meisten anderen westeuropäischen Länder kaum von einem ähnlichen Schicksal verschont geblieben. Vergleichbare Vorgänge kennen wir aus den letzten Jahren von der Sahel-Zone.

2. Um 1880 untersuchte eine englische Zeitschrift – wenn ich mich recht erinnere, war es „Punch" – den Individualverkehr mit Pferdedroschken in den Straßen Londons. Aus der Zunahme dieses Verkehrs, der Anzahl der täglich verkehrenden Droschken, war durch Extrapolation zu ermitteln, daß die Straßen Londons im Jahre 1920 bis zur ersten Etage mit Pferdemist angefüllt sein müßten; praktisch werde der Verkehr mit Pferdedroschken bei gleich bleibender Zunahme schon um 1900 nicht mehr möglich sein. Die Erfindung des Automobils mit Benzinmotor hat dieses Problem innerhalb weniger Jahre erledigt, weil die Exkremente des Autos nicht mehr in den Straßen liegen bleiben.

3. Auf der Jahrestagung der „British Association for the Advancement of Science" im Jahre 1898 in Bristol hielt Sir William Crookes, ein bekannter englischer Naturforscher, eine Rede zum Thema „Das Weizen-Problem". Er sagte voraus, daß in wenigen Jahrzehnten die Nahrungsmittelproduktion nicht mehr mit dem Anwachsen der Weltbevölkerung Schritt halten könne (v. Nagel 1970a: 10) und daß dann katastrophale Hungersnöte und Hungerkriege um die verfüg-

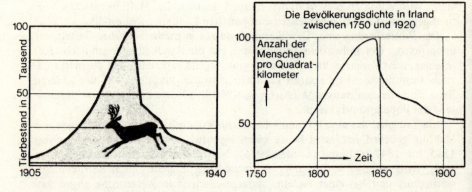

Abb. 5 a) Natürliche Schwankungen der Bestandsstärke einer Population (Populationsdichte) des amerikanischen Maultierhirsches (*Odocoileus hemionus*) zwischen 1905 bis 1940 nach Lack (1954) aus W. Klausewitz, W. Schäfer, W. Tobias: Umwelt 2000, S. 20.– Kleine Senckenberg-Reihe Nr. 3. W. Kramer, Frankfurt/M. 1971.
b) Der Verlauf der Bevölkerungsdichte in Irland zwischen 1750 und 1920 nach den Daten in W. Köllmann: Raum und Bevölkerung in der Weltgeschichte, Bevölkerungs-Ploetz, Band 4, S. 10/11. – Ploetz-Verlag, Würzburg 1965.

baren Nahrungsmittel ausbrechen würden. Das Problem wurde durch die Elementarsynthese des Ammoniaks nach Haber und Bosch gegenstandslos.

In allen Fällen zeigte sich, daß die Wachstumsgrenzen nicht dadurch bewältigt wurden, daß die bestehenden Möglichkeiten um einen Faktor von drei, fünf oder zehn erweitert, sondern dadurch, daß die traditionellen Randbedingungen durch Forschung und Technologie jeweils gegenstandslos wurden. Das sind die typischen Reaktionen in einer Industriegesellschaft auf Wachstumsgrenzen.

4. Ein letztes Beispiel möge aber auch noch andere Konsequenzen von Prognosen – die ja in der Regel Fehlprognosen sind – deutlich machen. Gegen 1925 sagten US-amerikanische staatliche Stellen voraus, die Erdölvorräte in der Welt (Hughes 1975: 378) reichten nur noch für etwa sieben Jahre. Mit Blick auf die Motorisierungswelle in den USA führte das zu sorgenvollen Überlegungen bei der Auto- und Erdölindustrie.

Man erinnerte sich daran, daß die BASF ein Verfahren zur Hydrierung von Stickstoff erfolgreich entwickelt hatte und an der Übertragung der dabei gewonnenen Erfahrungen auf andere Hydrierreaktionen arbeite. Die Standard Oil of New Jersey nahm wegen der Hydrierung schwerer Erdölfraktionen sowie von Kohle zu flüssigen Kohlenwasserstoffen, insbesondere Benzin, mit der BASF Kontakt auf. Daraus resultierte 1929 ein Kooperationsvertrag (v. Nagel 1970b, Howard 1947: 16, 249) zwischen der Standard Oil und der 1925 gegründeten IG-Farbenindustrie, der bis nach 1940 wirksam geblieben ist. Vor allem führte er dazu, daß die Kohlehydrierung zu Benzin (Leuna-Benzin) auch in der Zeit der Weltwirtschaftskrise 1930/1933 bei sehr ungünstig gewordenen wirtschaftlichen Bedingungen nicht abgebrochen worden ist, obgleich in den Leitungsgremien der IG starke Bestrebungen zur Aufgabe dieses Projektes bestanden. Die Fehlprognose hat einen wesentlichen — wenn auch nicht quantifizierbaren — Anteil daran, daß die Kohlehydrierung um 1933 als eine schon praxiserprobte Technologie (Birkenfeld 1964) in Deutschland bereitstand.

Alle geschilderten Prognosen waren vom Ansatz her nicht ganz unsinnig. Die Aussagen waren in der Regel aber viel zu konkret, so daß schon kleine nicht vorhersehbare Änderungen bei den politischen oder wirtschaftlichen Randbedingungen die Voraussetzungen für die Prognosen erledigt und diese zu Fehlprognosen gemacht haben. Ob die eingetretenen Folgeerscheinungen im Sinne der Prognostiker immer wünschenswert gewesen sind, soll hier nicht entschieden werden; einige Zweifel sind aber doch wohl angebracht.

Übereinstimmungen zwischen Prognose und späterer Wirklichkeit, wie etwa bei der bekannten Shell-Prognose aus den frühen sechziger Jahren zur Entwicklung des Kraftfahrzeugbestandes in der Bundesrepublik, sind die ganz großen Ausnahmen.

3.2. *Die Rationalisierung technischer Verfahren*

Recht lebhaft ist seit einigen Jahren die Diskussion über die Rationalisierung bei technischen Verfahren; wegen der zunehmenden Arbeitslosenzahlen konzentriert sie sich auf die Folgen der Stillegung von Arbeitsplätzen durch Rationalisierung. In der chemischen Industrie hat die Rationalisierung um 1960 bei zahlreichen Verfahren eine große Rolle gespielt. Ein besonders eindrucksvolles Beispiel sei kurz besprochen.

Die Ammoniak-Synthese nach Haber und Bosch hat ihr Aussehen zwischen 1913 und 1960 kaum verändert. Entscheidende Änderungen sind erst um und nach 1960 durch die Einführung petrochemischer Rohstoffe, die Konstruktion der Turbokompressoren — statt der bis dahin gebräuchlichen Kolbenkompressoren — und den Bau der damit möglichen Einstranggroßanlagen eingetreten. Während eine Ammoniakanlage mit einer Tageskapazität von 1200 Tonnen im Jahre 1940 von 2700 Mitarbeitern betrieben worden ist, waren 1970 nur noch 60 Beschäftigte übrig geblieben. Innerhalb dieser 30 Jahre — im wesentlichen während der letzten 15 Jahre — ist die Anzahl der Arbeitsplätze für diese Produktion auf etwa 2% des Anfangsstandes (Appl 1976) zurückgegangen. Am Ende dieser Rationalisierungsperiode herrschte in der Bundesrepublik jedoch Vollbeschäftigung, und zusätzlich fanden noch einige Millionen Gastarbeiter Arbeit und Brot.

In der Tagesdiskussion wird die Rolle der Rationalisierung bei technischen Verfahren in der Regel nur unzureichend diskutiert. In einer gesunden Volkswirtschaft ist die Stillegung von Arbeitsplätzen — vor allem in traditionellen Technologien — normal und lebensnotwendig. Einerseits drückt sich darin das innovative Potential mit dem Ergebnis der Verbesserung der technischen Verfahren und einer Verbilligung der hergestellten Produkte aus. Andererseits können nur auf diese Weise die für eine Verwirklichung neuer Technologien notwendigen Arbeitskräfte verfügbar werden. Dabei handelt es sich keineswegs um eine neuartige Erscheinung. Auch aus früheren Jahrhunderten kennen wir Beispiele aus dem Handwerk und den technischen Gewerben für grundlegende Änderungen der Tätigkeitsfelder und auch für das Absterben ganzer Berufszweige. Eine zu geringe Rate der Stillegung von Arbeitsplätzen in traditionellen Technologien zeigt die Vergreisung einer Volkswirtschaft an. Wirtschafts-, Finanz- und Sozialpolitik müssen, wenn die Leistungs- und Wettbewerbsfähigkeit einer Volkswirtschaft erhalten bleiben soll, die Schaffung neuer Arbeitsplätze in neuen Technologien anregen und fördern.

In der Bundesrepublik sind die Raten der Stillegung und Neuschaffung von Arbeitsplätzen etwa seit 1972 dadurch aus dem Gleichgewicht geraten, daß die Neuschaffung drastisch zurückgegangen ist (Abb. 6). Eine wichtige Ursache dürfte darin zu sehen sein, daß seit dieser Zeit die Schaffung neuer Arbeitsplätze in erheblichem Umfang durch den Bürger — direkt oder indirekt über den Gesetz-

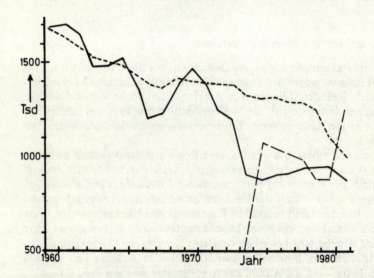

Abb. 6. Stillegung und Neuschaffung von Arbeitsplätzen sowie die Arbeitslosenzahlen zwischen 1960 und 1981 in der Bundesrepublik Deutschland. Nach: Institut für Arbeitsmarkt- und Berufsforschung in Nürnberg und Institut für Weltwirtschaft an der Universität Kiel — aus: Impulse, Mai 1982 (Heft 5) S. 8/9.

——————— Anzahl der neu geschaffenen Arbeitsplätze pro Jahr
·········· Anzahl der stillgelegten Arbeitsplätze pro Jahr
— — — — Anzahl der Arbeitslosen (Jahresmittelwerte)

geber — verhindert wird. Wortführer bei den Verhinderungsaktionen sind meist solche Bürger, die sich selber als sozial absolut gesichert ansehen. Mit wenigen Jahren Verzögerung setzte dann ab 1975 die signifikante Zunahme der Arbeitslosenzahlen ein. Es ist heute schon grotesk, wenn in der öffentlichen Diskussion auf der einen Seite Innovationen und Investitionen gefordert werden, und auf der anderen Seite diejenigen Technologien oder Projekte, die Arbeitsplätze in großer Anzahl liefern würden, an der Realisierung gehindert werden; zu nennen wären Kerntechnik, neue Medien, Fernstraßenbau, Ausbau neuer Eisenbahnstrecken und vieles mehr. Praxisreife neue Technologien — man denke etwa an Systeme zur Erschließung „alternativer" Energien — können nicht auf Knopfdruck abgerufen werden, sie benötigen nach allen bisherigen Erfahrungen Vorlaufzeiten mit intensiver Forschung und Entwicklung von 10 bis 20 Jahren.

Man sollte auch nicht vergessen, daß der größte und folgenreichste Rationalisierungsprozeß in der Landwirtschaft abgelaufen ist. Um 1800 waren noch 80% der Bevölkerung auf dem Lande tätig; sie konnten meist mehr schlecht als recht die restlichen 20% der Bevölkerung miternähren. Heute finden sich noch etwa fünf Prozent der Bevölkerung in der Landwirtschaft, und sie können praktisch die gesamte Bevölkerung der Bundesrepublik ausreichend mit Nahrungsmitteln versorgen. Ohne diese Freisetzung von Arbeitskräften in der Landwirtschaft — vor allem in den letzten 30 Jahren — wäre der Industrialisierungsprozeß in der erlebten Weise nicht möglich gewesen.

3.3. *Zur Diskussion um neue Technologien*

Die Diskussion über die Akzeptierbarkeit neuer Technologien, die heute immer wieder bis zu bürgerkriegsartigen Zuständen entartet, macht eine Analyse der bei nüchterner Betrachtung nur schwer verständlichen Vorgänge erforderlich. An dieser Stelle soll nur auf eine Besonderheit der Diskussionen eingegangen werden, die einen Hinweis dafür gibt, weshalb die Argumente der Kritiker einer neuen Technologie — z.B. der Kerntechnik — vor allem bei Laien auf relativ viel Resonanz stoßen oder mindestens eine tiefgehende Verunsicherung hervorrufen.

Der Befürworter einer neuen Technologie argumentiert mit Aussagen, die mit empirischen Erfahrungen und Beobachtungen begründet werden und bei den unbeschränkten Allaussagen oder Hypothesen einzuordnen sind. Sie stützen sich auf die bisher untersuchten Fälle, greifen darüber hinaus aber auch auf alle noch zu erwartenden Fälle über. Wegen der Einbeziehung der noch nicht beobachteten Fälle sind diese Aussagen nie absolut abgesichert, sie können bei weiteren Überprüfungen grundsätzlich falsifiziert werden. Umgekehrt argumentieren die Kritiker bevorzugt mit Aussagen, die den Charakter unbeschränkter Existenzsätze haben. Existenzsätze haben keine empirische Basis. Sie können aber grundsätzlich nicht falsifiziert, sondern nur verifiziert werden.

Das sei mit einem Beispiel aus dem nicht-technischen Alltag erläutert:

Allsatz
(Hypothese)

> Häufiges Bohren in der Nase
> verursacht keinen Krebs

Begründung: In allen bisher beobachteten und systematisch untersuchten Fällen ist nie Krebs aufgetreten; daher wird geschlossen, daß auch in allen weiteren Fällen kein Krebs entstehen wird.

Erläuterung: Die Aussage dieses unbeschränkten Allsatzes geht über den Bereich des unmittelbar Beobachteten hinaus. Da sie aber nur für die unmittelbar beobachteten Fälle mit völliger Sicherheit gilt, ist der Satz grundsätzlich falsifizierbar. Es ist aber keineswegs sicher, daß eine Falsifizierung jemals erfolgt.

Existenzsatz:

> Häufiges Bohren in der Nase
> verursacht Krebs

Begründung: Es ist oft beobachtet worden, daß mechanische Reizung von Körpergewebe Krebs auslöst. Wenn bisher beim Bohren in der Nase kein Krebs festgestellt worden ist, dann liegt das an unzureichenden oder fehlerhaften Beobachtungen; es ist jedenfalls nicht einzusehen oder zu erklären, weshalb in der Nase kein Krebs entstehen sollte. Weitere wissenschaftliche Untersuchungen — von unabhängigen Fachleuten — sind unbedingt erforderlich.

Erläuterung: Diese Forderung kann — sofern kein Krebs diagnostiziert worden ist — beliebig lange und immer wieder erhoben werden. Auch wenn sich der Inhalt eines unbeschränkten Existenzsatzes auf Vermutungen, Glauben, Irrtum, Aberglauben oder vorsätzliche Irreführung stützt, ist seine Widerlegung grundsätzlich nicht möglich. Eine Bestätigung ist grundsätzlich möglich; es ist aber keineswegs sicher, ob sie jemals erfolgt.

Der Laie — dazu gehören sicherlich auch die meisten Politiker — hört also von der einen Seite Argumente, die nicht bewiesen werden können, die keine sichere Aussage liefern; die andere Seite bringt Argumente, die nicht widerlegt werden können. Es ist verständlich, wenn der Laie sich mit seiner Meinung der Seite zuwendet, die mit den vermeintlich besseren — weil mit den unwiderleglichen und daher augenscheinlich sicheren — Argumenten auftritt. Er weiß nicht, daß die von ihm vorausgesetzte Sicherheit mit der Sache nichts zu tun hat, sondern nur mit der Art der Aussage.

4. Zur Verantwortung des Naturwissenschaftlers

Auf die Problematik der Verantwortung des Naturwissenschaftlers sei abschließend nur kurz eingegangen; über die verschiedensten Aspekte dieser Frage liegen bereits ausführliche Darstellungen (Born 1965, Sachsse 1978) vor. An dieser Stelle möchte ich nur wenige, mir wichtig erscheinende Gesichtspunkte berühren.

Aus der Unsymmetrie zwischen Falsifizierung und Verifizierung bei naturwissenschaftlichen Aussagen folgt auch, daß ein Satz nur dann als wissenschaftlich gelten darf, wenn sofort mit angegeben werden kann, welche Erfahrung ausreicht, ihn als widerlegt (v. Weizsäcker 1974) zu betrachten. Wissenschaftliche Arbeit ist keineswegs durch ein streng methodisches Vorgehen gekennzeichnet; einen Königsweg, der geradewegs zur Wahrheit über die Natur führt, gibt es nicht. Auch Spekulation und Intuition sind wichtige Komponenten wissenschaftlicher Arbeit. Entscheidend ist nur, daß jeder Satz kritisch überprüfbar und grundsätzlich falsifizierbar (Popper 1976) ist. Eine Pseudowissenschaft bedient sich einer Immunitätsstrategie, um Falsifizierungen ihrer Sätze abzuwehren. Sie beansprucht, im Besitz unwiderlegbarer — ewiger — Wahrheiten zu sein; für Abweichungen von ihren Vorhersagen hat sie stets Ausreden.

Zwangsläufig in den Bereich der Pseudowissenschaft gerät jeder Forscher der meint, man könne eine parteiische Wissenschaft betreiben. Gerade in den letzten Jahren werden solche Ansinnen insbesondere von Vertretern nicht-naturwissenschaftlicher Fächer an Naturwissenschaftler herangetragen. Aber damit entstünde etwas ähnliches wie die berüchtigte „Deutsche Physik" vergangener Jahre, eine Perversion jeder Wissenschaft.

Der wissenschaftliche Ruf eines Naturwissenschaftlers im Kreise seiner Fachgenossen hängt entscheidend davon ab, ob der Inhalt seiner Arbeiten und seine Äußerungen die Bemühungen um objektive Aussagen erkennen lassen. Zwar kommt es immer wieder vor, daß ein Wissenschaftler Ergebnisse seiner Arbeiten — aus welchen Gründen auch immer — manipuliert oder gar fälscht und damit evtl. zunächst ein sensationelles Aufsehen erregt. Nach einiger, meist kurzer Zeit wird der Verstoß gegen die Regeln der Wissenschaft erkannt und der wissenschaftliche Ruf des Forschers ist in der Regel unwiderruflich geschädigt.

Man kann auch nicht davon ausgehen, daß die Objektivität eines Wissenschaftlers von vornherein gegeben ist. Um die Objektivität seiner Aussagen muß ein Wissenschaftler sich unablässig bemühen. Sie muß sich in der ständigen gegenseitigen Kritik bewähren und zeigen, in der freundlich-feindlichen Arbeitsteilung der Wissenschaftler, beim Zusammenarbeiten oder auch beim Gegeneinanderarbeiten. Die gesellschaftlichen und politischen Rahmenbedingungen müssen diesen Läuterungsprozeß, die Gewinnung objektiver Aussagen aus dem Filter der Kritik ermöglichen. Auf diese Weise werden Voreingenommenheiten und ideologische Standpunkte des Forschers in einem sozialen Prozeß, der schließlich zu einer objektiven Wissenschaft führt, eliminiert.

Eine besondere Verantwortung des Naturwissenschaftlers besteht in seiner Pflicht zur Information gegenüber seinen Mitbürgern (Anonymus 1983) über die

Ergebnisse seiner eigenen Forschungen wie auch allgemein über wissenschaftliche oder wissenschaftlich-technische Sachverhalte seiner Fachgebiete. Gegenüber seinem Gewissen muß dabei die kompromißlose Suche nach der Wahrheit über die Natur oberste Richtschnur seines Forschens und Informierens sein. Aus dieser Forderung könnte man einen „Imperativ des Forschens" herleiten und formulieren.

Der Wissenschaftler in unseren Hochschulen befaßt sich, das liegt in der Natur der Sache, bevorzugt mit quasi-monokausalen Zusammenhängen, und seine Äußerungen sind sehr stark von dem dabei üblichen Denkstil her geprägt. Die menschlichen Möglichkeiten werden überfordert, wenn Zusammenhänge zwischen mehr als fünf oder sechs Variablen gleichzeitig vollständig erfaßt und durchschaut werden sollen.

Der in der Praxis tätige Wissenschaftler muß vor allem lernen und sich stets darum bemühen, die vielfältigen Verflechtungen seines wissenschaftlich begründeten Handelns mit nahen und fernen Bereichen im Umkreis seiner Aktivitäten zu erkennen und zu durchdenken. Gerade das macht die spezifischen Inhalte der „praktischen Erfahrung" aus. Die Befähigung zu einem objektiven Urteil wird erst aus einer intimen Kenntnis und einer ausreichenden Erfahrung über die in Frage stehenden Probleme zunehmend erworben. Damit berührt man die besondere Rolle des wissenschaftlichen Experten als Gutachter oder Berater in Politik und Öffentlichkeit.

Bei den Bemühungen um eine Vorhersage und Kontrolle der Konsequenzen aus wissenschaftlich-technischen Forschungsergebnissen oder die Eindämmung, Beseitigung oder Vermeidung unerwünschter Wirkungen und Nebenwirkungen der Technik auf die Umwelt handelt es sich fast immer um sehr komplexe Tatbestände und Zusammenhänge. Darüber hinaus wirken sehr oft Faktoren mit, die mit keiner naturwissenschaftlichen Gesetzmäßigkeit erfaßbar sind, insbesondere die vielfältigen unwägbaren typisch menschlichen Regungen. Da wissenschaftlich-technische Fragestellungen, sobald sie etwas anspruchsvoller werden, aus den oben genannten Gründen nur noch von den jeweils praxiserfahrenen Experten einigermaßen überblickt und durchschaut werden können, ist jeder Nur-Wissenschaftler prinzipiell überfordert, wenn ihm eine gutachtliche Stellungnahme zu derartigen Problemen zugemutet wird. Und vor allem aus diesem Grund haben sich Prognosen von Wissenschaftlern sehr oft als angreifbar erwiesen. Der praxiserfahrene Wissenschaftler ist in der Regel sehr zurückhaltend (Lübke 1983: 23) mit Prognosen. Das wird ihm oft – sehr zu Unrecht – als arrogantes Schweigen ausgelegt.

Politiker neigen dazu, sich für Entscheidungsvorbereitungen im parlamentarischen Raum „ihre unabhängigen Wissenschaftler" als Sachverständige heranzuziehen, die vom Fach her den jeweils diskutierten Problemen wohl nahe stehen können, die aber wegen der oft fehlenden aktuellen Praxiserfahrung nur Teilaspekte des Gesamtkomplexes übersehen. Daraus resultieren denn die den Laien verblüffenden konträren Aussagen verschiedener Sachverständigen zu einer Fragestellung.

Die Objektivität der Aussagen und damit die Aufrichtigkeit der Suche nach Wahrheit betreffen das individuelle Denk- und Handlungsschema und damit auch das Verantwortungsbewußtsein des Wissenschaftlers gegenüber der Gesellschaft. Sie ist der Maßstab, an dem das Gewicht seiner Aussagen und seine Reputation längerfristig gemessen wird. Insbesondere wer diese fundamentalen Regeln mehrmals — fahrlässig oder gar absichtlich — offensichtlich verletzt hat, sollte nicht mehr als Gutachter bei ernsthaften Diskussionen gehört werden.

In den letzten Jahren werden aber — besonders durch eindeutig interessengebundene Politiker — gerade solche wissenschaftlich disqualifizierten Personen als Berater und Gutachter für die Beurteilung und Bewertung aktueller technisch-wissenschaftlicher Fragestellungen herangezogen. Damit wird versucht, für eine parteiische und durch Voreingenommenheit gekennzeichnete Position insbesondere dem Bürger und Laien eine wissenschaftlich abgesicherte Grundlage vorzugaukeln.

In der Tagesdiskussion wird dem praxiserfahrenen Fachmann gerne und eilfertig eine Interessenorientierung unterstellt. Eine einseitige Voreingenommenheit ist hier nicht häufiger als bei sogenannten unabhängigen Wissenschaftlern. Voreingenommenheit gibt es darüber hinaus nicht nur in kommerzieller, sondern mindestens auch in politischer Hinsicht. Und politische Voreingenommenheit, die heute von manchen Seiten sogar gefordert wird, hat meist viel schwerer wiegende Konsequenzen als eine nur kommerzielle. Auch bei den immer wieder monierten „finanziellen Interessen" von Gutachtern aus der Praxis wird doch mehr oder weniger mit Vorbedacht verdrängt, daß dieser Gesichtspunkt auch beim Hochschulforscher und beim Politiker gleichermaßen und in entsprechender Ausprägung ein erhebliches Gewicht besitzen kann.

Von besonderer Bedeutung ist aber auch — und hier liegen m. E. noch gravierende Defizite vor — daß über die Verantwortung des Politikers, des Journalisten und Publizisten sowie insbesondere des Erziehungswissenschaftlers gegenüber der Gesellschaft intensiver in der Öffentlichkeit diskutiert würde. Die Auswirkungen ihres Handelns sind ja oft — die Vorgänge der letzten Jahre bieten genug Beispiele — von vergleichbarem, wenn nicht größerem Gewicht als die Tätigkeit der Naturwissenschaftler und Techniker.

Bei allen unseren Überlegungen zur Verantwortung des Wissenschaftlers sollten wir aber daran denken:

> Der Mensch ist weise,
>   solange er die Wahrheit sucht,
> er wird zum Narren,
>   sobald er glaubt, sie gefunden zu haben.
>
>   (Talmud)

Literatur

Anonymus: Quo vadis Chemie? – Europa Chemie, H. 17, 297 (1983).
Appl, M.: A brief history of ammonia production from the early days to the present. – Nitrogen No 100, 47–58 (1976).
Beer, J.J.: Die Teerfarbenindustrie und die Anfänge des industriellen Forschungslaboratoriums. – In Hausen, K. & Rürup, R. (Hrsg.): Moderne Technikgeschichte, S. 106–118. – Kiepenheuer & Witsch, Köln 1975.
Birkenfeld, W.: Der synthetische Treibstoff 1933–1945. – Musterschmidt, Göttingen, Berlin, Frankfurt/M. 1964.
Bloch, M.: Nicolas LeBlanc. – In Bugge, G. (Hrsg.): Das Buch der großen Chemiker, Bd. 1, 291–303. – Verlag Chemie, Weinheim, unveränd. Nachdruck 1974 der 1. Aufl. von 1929.
Born, M.: Von der Verantwortung des Naturwissenschaftlers. – Nymphenburger Verlagshandlung, München 1965.
Braunbeck, W.: Die unheimliche Wachstumsformel. – Paul List, München 1973.
Buchner, A. & Sturm, H.: Gezielter düngen. – DLG-Verlag, Frankfurt/M. 1980.
Cordes, J.F.: Industrie und Umwelt. – Chemie-Unterricht 7 (1), 7–38 (1976).
Färber, E.: Berthollet. – In Bugge, G. (Hrsg.): Das Buch der großen Chemiker, Bd. 1, 345. – Verlag Chemie, Weinheim, unveränd. Nachdruck 1974 der 1. Aufl. von 1929.
Hobsbawn, E.J.: Industrie und Empire, Britische Wirtschaftsgeschichte seit 1750, Bd. 1, S. 55 ff. – Ed. Suhrkamp 315, Frankfurt/M. 1969.
Holdermann, K.: Im Banne der Chemie: Carl Bosch, Leben und Werk, 2. Aufl. – Econ, Düsseldorf 1954.
Howard, F.A.: Buna Rubber, the Birth of an Industry. – D. v. Nostrand Co., New York 1947.
Hughes, T.P.: Das „technologische Momentum" in der Geschichte. Zur Entwicklung des Hydrierverfahrens in Deutschland 1898–1933. – In Hausen, K. & Rürup, R. (Hrsg.): Moderne Technikgeschichte, S. 358–383. – Kiepenheuer & Witsch, Köln 1975.
Hund, H. & Minz, F.: Entwicklung der industriellen Herstellung von Chlor und Alkalihydroxid, geschichtlicher Überblick. – In Winnacker-Küchler: Chemische Technologie, 4. Aufl. (Hrsg. Harnisch, H., Steiner, R. & Winnacker, K.), Bd. 2. – C. Hanser, München, Wien 1982.
Lübbe, H.: Zur aktuellen Zivilisationskritik, über die Tendenzen der Flucht aus der Gegenwart. – Sandoz Bull. 19 (65) (1983).
Meyer, E. v.: Geschichte der Chemie, 4. Aufl., S. 571. – Veit, Leipzig 1914.
Nagel, A. v.: Carl Bosch. – In Oberdorfer, K. (Hrsg.): Ludwigshafener Chemiker, S. 109–136. – Econ, Düsseldorf 1958.
– Stickstoff, 2. Aufl. – Schriftenr. des Firmenarchivs der Badischen Anilin- und Soda-Fabrik Nr. 3, Ludwigshafen/Rh. 1970 a.
– Methanol-Treibstoffe. – Schriftenr. des Firmenarchivs der Badischen Anilin- und Soda-Fabrik Nr. 5, S. 47–73, Ludwigshafen/Rh. 1970 b.
Noelle-Neumann, E.: Die Schweigespirale. – Ullstein-Sachbuch (Nr. 34093). Frankfurt/M., Wien, Berlin 1982.
Popper, K.R.: Die Logik der Sozialwissenschaften. – In Adorno, Th.W. u.a.: Der Positivismusstreit in der deutschen Soziologie, 5. Aufl., S. 103–123, bes.

Thesen elf bis vierzehn. – Sammlung Luchterhand 72, Darmstadt, Neuwied 1976.
Rübberdt, R.: Geschichte der Industrialisierung. C.H. Beck, München 1972.
Sachsse, H.: Anthropologie der Technik. – Vieweg, Braunschweig 1978.
Stork, H.: Einführung in die Philosophie der Technik. Wissenschaftliche Buchgesellschaft, Darmstadt 1977.
Treue, W.: Die Bedeutung der chemischen Wissenschaft für die chemische Industrie. – Technikgeschichte 33 (1) (1966).
Treue, W., Pönicke, H. & Manegold, K.-H.: Quellen zur Geschichte der industriellen Revolution. – Musterschmidt, Göttingen, Berlin, Frankfurt/M. 1966.
Weizsäcker, C.F. v.: Wissenschaftsgeschichte als Wissenschaftstheorie. – Wirtschaft u. Wissenschaft, Sonderheft, 1974.

Die Grundlagen der Verantwortung –
Das Wesen des Menschen

von Heinz H. HAUSNER

Mit 1 Abbildung

Einleitung

Es wird hier nicht von der „Verantwortung des Wissenschaftlers" gesprochen, obwohl dies von manchen Lesern vielleicht erwartet wird, sondern *nur* vom Begriff der Verantwortung im allgemeinen, also ohne speziellen Bezug auf eine bestimmte Berufsgruppe. Dies scheint notwendig, weil dieser Begriff noch keineswegs gründlich und systematisch von Fachleuten behandelt worden sein dürfte – viele Indizien weisen in diese Richtung. Wer könnten denn solche Fachleute sein? Doch wohl Philosophen und Psychologen, denn die Aufarbeitung dieses Begriffes erfordert sowohl die Kenntnis philosophischer Grundlagen als auch solcher der Psychologie.

Jedoch – im „Philosophischen Wörterbuch", begründet von Heinrich Schmidt, 17. Auflage, herausgegeben von Georgi Schischkopf im Alfred Kröner Verlag, Stuttgart 1965, ist das Stichwort „Verantwortungsbewußtsein" nur mit 13 Zeilen einer Spalte enthalten – sonst kommt dieses Wort nicht vor. Und – obwohl die Verantwortung mit der Psychologie des Menschen verbunden ist, tritt dieser Begriff im „Wörterbuch der Psychologie", im selben Verlag erschienen, überhaupt nicht auf. (12. Aufl. 1974)

Der einzige Autor, der sich mit diesem Begriff wirklich grundsätzlich auseinandergesetzt hat, scheint Wilhelm Weischedl 1933 gewesen zu sein. Er schreibt in seinem Vorwort: „Vielfältig und in mancherlei Bedeutung wird von ‚Verantwortung' geredet, ohne daß dieses Phänomen in der Helle eindeutigen Begriffenseins erschiene. Es aus dem solchermaßen zersplitterten und vagen Verständnis herauszuholen, in seinem einheitlichen Wesen zu begreifen und an seinem Ort im Ganzen des menschlichen Daseins zu verankern, ist die Absicht dieser Untersuchung." Er deutet damit also ebenfalls die vielfältige Bedeutung des Wortes „Verantwortung" an – worauf auch hier in der Folge eingegangen wird.

Die „Verantwortung", ein tatsächlich mehrdeutiges Wort, gewissermaßen ein Überbegriff, wird aber gegenwärtig noch zusätzlich durch mißbräuchliche Verwendungen strapaziert. Diese sind geeignet, den an sich schon nicht ganz leicht in seiner tatsächlichen Bedeutung darzustellenden Begriff noch unklarer werden zu lassen. Die Gefahr, daß die „Verantwortung" ein Schlagwort wird, zeichnet sich ab.

Ein Beispiel aus der Wissenschafts-Diskussion kann die Schwierigkeiten erläutern, die dieser Begriff in sich trägt: Vom Wissenschaftler wird „hohe Verantwortung" (was ist das?) gefordert. Es wird aber auch schon gefordert, daß er sich für alles verantwortlich fühlen soll, was andere, sogar andere Menschen späterer Generationen, mit den Ergebnissen seiner Forschungen beginnen, und darauf hingewiesen, daß Leonardo da Vinci seine Erfindung eines Unterseebootes, eingedenk seiner „Verantwortung", nicht der Öffentlichkeit mitgeteilt habe. Ob diese Art der Verantwortung einforderbar ist, wird erst nach und entsprechend der Darstellung des Begriffes „Verantwortung" und der mit diesem Begriff verbundenen Ableitungen und Zusammensetzungen geklärt werden können. (Dieses Thema ist allerdings nicht Inhalt dieses Aufsatzes.)

Noch eines sei angemerkt: Verschiedene Begriffe der Psychologie, von denen man glaubt annehmen zu dürfen, sie seien wissenschaftlich eindeutig definiert (immer mit jener Definition bestimmt, die der Leser gerade zufällig kennt), sind dies keineswegs. Dazu gehört auch die Verantwortung und das Verantwortungsbewußtsein. Es bestehen drei Schulen der Psychologie (die Human-Psychologie, der Behaviorismus und die Psychoanalyse, die ihrerseits wieder in drei Richtungen wissenschaftlich betrieben wird), die manchen Worten verschiedene Bedeutungen beimessen und die sich daher sprachlich nicht mehr eindeutig verstehen. Es wurden daher einerseits bestehende psychologische Begriffsdefinitionen nicht behandelt, andererseits die Begriffe neu beleuchtet. Ein Nachweis der Richtigkeit von Definitionen im geistigen Bereich des Menschen scheint nur dann möglich, wenn im Ablauf des geistigen Geschehens weder Überschneidungen noch Fehlstellen vorhanden sind. Solche Überschneidungen gibt es derzeit: Die Begriffe „Erkenntnis" („Urteilsvermögen"), „Gewissen" und „Wollen" („Wille") enthalten alle nach manchen gegenwärtigen Darstellungen ein „Unterscheidungsvermögen von Gut und Böse". In der Reihe der Vorgänge zwischen dem auslösenden Ereignis und der Handlung sind alle drei Begriffe enthalten. Wenn nun Erkenntnis, Gewissen und Wollen je dasselbe für Gut oder Böse halten, wären zwei dieser Begriffe unnötig – unterscheiden sich deren Ansichten über das Gute oder das Böse, dann wäre dem Menschen eine Entscheidung zu einer bestimmten Handlung unmöglich. Diese Begriffe müssen also zumindest teilweise eine von den bisher üblichen Definitionen abweichende Deutung erfahren, damit sie sich sinnvoll in den Ablauf des geistigen Geschehens im Menschen einfügen lassen.

Es erschien dem Autor also notwendig, die Begriffe so zu modifizieren, daß es möglich war, daraus das „System der Psychologie" zu bilden, das später dargestellt ist. Die zum Verständnis der verwendeten Begriffe notwendigen Definitionen werden nur in kurzer Form und ohne weitere Begründung angegeben. Der interessierte Leser wird auf das Buch „Grundlagen der praktischen Psychologie" verwiesen (Hausner 1982). Die Forderung einer wissenschaftlichen Darstellung eines komplexen Sachverhaltes auf einem Gebiet, das der direkten Beobachtung unzugänglich ist (das Geistige im Menschen) und das sich prinzipiell der Möglichkeit entzieht, Versuche mit gleichen Anfangs- und Randbedingungen anzustellen (jeder Mensch ist verschieden von jedem anderen Menschen, daher gibt es keine gleichen Randbedingungen und jeder Mensch ist nach einem Versuch zwar noch immer der gleiche, aber eben nicht mehr derselbe, daher ändern sich die Anfangsbedingungen nach jedem Versuch), diese Forderung zu erfüllen, ist in dem kurzen hier vorgegebenen Rahmen nicht möglich. Die Wissenschaftlichkeit (der Wahrheitsanspruch) der nachfolgenden Darstellungen ergibt sich aus anderen Kriterien als denen des „Versuchs". Diese Kriterien liegen zuerst in den Definitionen selbst und in engem Zusammenhang mit diesen im „System der Psychologie". Die Definitionen und das System des Ablaufs der geistigen Vorgänge im Menschen (ein System *möglicher* Abläufe) müssen vollkommen zusammenstimmen. Das bedeutet aber nicht, daß sich bei Änderung des Systems auch die Definitionen so verändern lassen, daß wieder eine Übereinstimmung entsteht, denn das System muß seinerseits geeignet sein, *alle*, wirklich alle menschlich geistige Aktivität darzustellen. Es kann sich also nur um ein System der Möglichkeiten handeln, nicht um ein System, das zwangsweise in der Realität so und nur so abläuft, wie z.B. ein Naturgesetz. Das „System der Möglichkeiten" muß also *alle* Möglichkeiten darstellen können bzw. bereits in sich enthalten, nach denen das Geistige im Menschen wirken kann. Dementsprechend müssen die Definitionen der einzelnen Glieder des Systems aufeinander und auf das System abgestimmt werden.

Ob das „System der Psychologie", das für die nachfolgenden Ausführungen die Grundlage bildet, tatsächlich diesen hohen Anforderungen genügt, kann nur der Leser selbst aufgrund seiner eigenen Lebenserfahrungen feststellen. Der Philosoph Karl R. Popper hat bereits die grundlegende Erkenntnis geäußert, daß es dem Menschen real unmöglich ist, alle denkbaren Prüfungen und Versuche durchzuführen, um eine wissenschaftlich zu begründende These in vollkommener Weise zu verifizieren. Denn erst dann, wenn kein einziger dieser unendlich vielen Versuche erweist, daß in diesem und für diesen Fall das System oder das formulierte Gesetz sich als falsch erweist, dürfte es als „wahr" angesehen werden. Der Autor legt also seine Definitionen und Thesen vertrauensvoll dem wissenschaftlich gebildeten oder interessierten Leser vor in dem Bewußtsein, daß das Thema: „Die Verantwortung und das Wesen des Menschen" für die Gegenwart und die Zukunft des Menschen so wichtig ist, daß jedermann aufgefordert werden sollte, sich selbst mit diesem Thema, den Grundlagen des Mensch-Seins, zu beschäftigen.

Der Begriff „Verantwortung"

Der bereits erwähnte Wilhelm Weischedl hat sich bereits 1933 mit dem Begriff „Verantwortung" gründlich auseinandergesetzt und eine wichtige semantische Begriffsdeutung gegeben, auf die hier nicht näher eingegangen wird. Seiner folgenden Einteilung der Verantwortung in eine „soziale Verantwortung", eine „religiöse Verantwortung" und der „Selbstverantwortung" kann allerdings nicht gefolgt werden.

Es gibt tatsächlich nur zwei grundsätzlich verschiedene Arten von Verantwortung:
Die moralische Verantwortung
Die rechtliche Verantwortung

Wenn man diese beiden Verantwortungsbereiche mit ihren verschiedenen Inhalten tabellarisch gegenüberstellt, dann wird deutlich, daß sie kaum etwas

Moralische Verantwortung	Rechtliche Verantwortung[1]
Aktiv: Der Mensch *ist* moralisch verantwortlich.	Passiv: Der Mensch *wird* zur Verantwortung gezogen.
Innerlich: Der Mensch fühlt sich selbst moralisch verantwortlich.	Äußerlich: Der Mensch wird von *anderen* zur Verantwortung gezogen.
Man ist immer für alles verantwortlich, was man tut.	Man wird nur dann zur Verantwortung gezogen, wenn man eine gesetzlich geforderte Handlung unterlassen oder eine gesetzlich verbotene Handlung getan hat.
Die Verantwortlichkeit ist theoretisch unbegrenzt.	Die Verantwortlichkeit wird begrenzt durch gesetzliche Vorschriften und/oder privatrechtliche Verträge.
Man kann daher in positivem oder in negativem Sinn verantwortlich sein. (Man kann die verantwortungsvoll zum Erfolg führende Handlung als Leistungserlebnis positiv empfinden.)	Man empfindet daher die Tatsache, daß man zur Verantwortung gezogen wird, als Einschränkung und in der Regel negativ.
Moralische Verantwortung ist an die Person gebunden, die handelt oder gehandelt hat.	Man kann auch dann rechtlich zur Verantwortung gezogen werden, wenn man an der Handlung, die zur rechtlichen Verfolgung führte, gar nicht persönlich beteiligt war und sogar dann, wenn man sie faktisch gar nicht hätte verhindern können.[2]
Man kann moralisch in zwei Richtungen, die gegensätzliche (widersprüchliche) Entscheidungen fordern würden, verantwortlich sein.[3]	Man kann in derselben Sache nur jeweils im Sinne der einschlägigen Gesetze, also in einer Richtung zur Verantwortung gezogen werden.[3]

[1] Diese Gegenüberstellung wurde der Schrift: „Die Verantwortung des Technikers" entnommen, herausgegeben vom Österr. Ing.- u. Arch. Verein, Wien 1982, verfaßt von einigen Technikern unter Leitung von Prof. Walter Jurecka, Wien.

gemeinsam haben, daß es sich wirklich um zwei verschiedene Arten von Verantwortung handelt.

Es ist allerdings unbestritten, daß wir im täglichen Sprachgebrauch kaum je von den beiden Bereichen der moralischen und rechtlichen Verantwortung sprechen, sondern daß wir uns ganz anders ausdrücken:

„Sich für jemanden anderen verantwortlich fühlen" entspricht der „moralischen Verantwortung", geht jedoch in einem wesentlichen Punkt über diese hinaus. Während man moralisch nur für die selbst gesetzten Handlungen verantwortlich ist, übernimmt man in diesem Bereich der Verantwortung auch die bewußte Verpflichtung, für einen anderen zu sorgen — muß also gegebenenfalls stellvertretend für einen anderen Entscheidungen treffen und Handlungen setzen, für die man insbesondere diesem gegenüber eine besonders hohe, eine alles umfassende moralische Verantwortung trägt. Man fühlt sich in solchen Fällen also verantwortlich auch für das, was dieser andere tut, übernimmt damit freiwillig die Verantwortung für dessen Handlungen, nicht nur für die eigenen — zumindest in dem Bereich, der vom Verantwortenden selbst gerade noch als überschaubar und voraussehbar angesehen wird.

Von dieser freiwillig übernommenen Verantwortlichkeit ist streng der andere, jedoch ähnlich klingende Begriff zu unterscheiden: *„Für jemanden verantwortlich sein"*. Dies ist ein Ausdruck dafür, daß man infolge gesetzlicher Bestimmungen die rechtlichen Folgen von Handlungen anderer tragen muß — also z.B. den Schaden, den ein anderer verursacht hat, zu bezahlen hat.

Die beiden genannten Begriffe können auch in einen Vorgang zusammenfallen: Man *fühlt* sich für seine Kinder (moralisch) verantwortlich und *ist* gleichzeitig auch (rechtlich) für sie, also für ihre Handlungen verantwortlich. Aus die-

---

[2] Betriebsleiter können bestraft werden, wenn durch Handlungen ihrer Untergebenen andere zu Schaden kommen oder kommen könnten. („Gefährdung der körperlichen Sicherheit"). Sie werden z.B. als Leiter von Baufirmen auch dann bestraft, wenn durch unvorhergesehene Ereignisse eine nächtlich vorgeschriebene Baustellenbeleuchtung ausfällt und jemand „dadurch" (tatsächlich oft nur durch eigene Unaufmerksamkeit) in eine Baugrube fällt und sich dabei verletzt. Kein Betriebsleiter kann jede Nacht alle Baustellen seiner Firma ständig überwachen — diese rechtliche Voraussetzung ist unsinnig, aber eben „rechtens"! Moral und Recht stimmen hier nicht überein.

[3] Dies trifft zwar nicht für eine einzige bestimmte Handlung zu, bedeutet aber, daß man einem Menschen gegenüber moralisch verantwortlich wird, wenn man eine Handlung tut — einem anderen gegenüber, wenn man dieselbe Handlung unterlassen würde.

[3] In rechtlichem Sinn kann man nur dann zur Verantwortung gezogen werden, wenn man gegen ein Gesetz verstößt — wenn man die gegenteilige Handlung setzt, also nach der Bestimmung des Gesetzes handelt, kann man rechtlich nicht zur Verantwortung gezogen werden.

sem Beispiel ist zu erkennen, daß die moralische Verantwortlichkeit im Sinne der Menschlichkeit weit über die rechtliche hinausreicht — daß aber auch und gerade dort, wo die menschlich-moralische Verantwortung einmal nicht in ausreichendem Maße wahrgenommen wird, die rechtliche in vollem Maße wirksam wird bzw. wirksam werden kann. In diesem Fall (z.B. in Verbindung mit der Beziehung zwischen einem mündigen Erzieher zu einem unmündigen Kind) wird auch deutlich, daß der notwendige Ersatz des moralischen Verantwortungsbewußtseins durch eine zwangsweise Rechtsbeziehung für den schuldhaft handelnden Erzieher als Makel angesehen wird. Anders dann, wenn ein mündiger Betriebsinhaber für den Fehler eines mündigen Angestellten auf Grund der Gesetzeslage strafweise zu zahlen hat: Er wird, wenn er sich nicht allgemein in moralischem Sinn „schlecht" verhält, bedauert.[4]

Diese beiden Ausdrücke, die ab Mitte des 20. Jahrhunderts in zunehmendem Maße gebraucht werden — früher wurden statt diesen die Worte „Pflicht", „Pflichterfüllung" und „Verpflichtung" in ihren Abwandlungen verwendet — sind so aber noch nicht vollkommen beschrieben. Sie sind nämlich nicht eindeutig. Um wirklich zu verstehen, was damit gemeint ist, muß man wissen, ob sie *vor* oder *nach* einer Handlung gesprochen worden sind. Waren sie es *vor* einer Handlung, dann handelt es sich immer um die Bekundung eines *Verantwortungsbewußtseins*. *Nach* einer Handlung ausgesprochen, ist der Ausdruck „sich für jemanden verantwortlich fühlen" ebenfalls ein Zeichen des Verantwortungsbewußtseins und eines gewissen Mitgefühls, während der Ausdruck „Ich bin für ihn verantwortlich" darlegt, daß man am Zustandekommen der Handlung beteiligt oder unbeteiligt — jedenfalls für die Folgen derselben einstehen muß und wird.

„Sich für etwas verantwortlich fühlen" bedeutet, daß man alles tun werde, damit ein Werk („etwas") in dem angestrebten Sinn gelinge. Es können sich mehrere für das gleiche Werk verantwortlich fühlen — am besten wird jenes Werk gelingen, für dessen Vollendung sich alle Beteiligten „verantwortlich fühlen". Es handelt sich dabei um die moralische Form der Verantwortlichkeit. Sollte nämlich dem Werk bzw. bei seiner Herstellung ein Mißgeschick passieren, dann wird vielleicht jener, der sich ursprünglich verantwortlich fühlte, jede Verantwortung für den geschehenen Fehler ablehnen — würde er eine rechtlich begründete Schuld, eventuell verbunden mit Schadenersatz, weit von sich weisen: Alles Mögliche war schuld — nur nicht jener, der sich (ausschließlich) für das Gelingen, den positiven Abschluß, verantwortlich fühlte. Die Ursache für dieses Verhalten ist aus dem psychologischen System des Menschen zu begründen und kann hier nicht weiter ausgeführt werden.

„Für etwas verantwortlich sein" entspricht der im obigen Satz genannten Verantwortung, jedoch sowohl im rechtlichen als auch im moralischen Sinn. In rechtlichem Sinn ist man für eine Handlung verantwortlich, wenn ein Verschul-

---

[4] Siehe hierzu auch Anmerkung 3.

den festgestellt wird — in moralischem Sinn ist man für alles, was man tut, verantwortlich, also auch für das, was man Positives für das Erreichen eines Zieles geleistet hat. Daß jemand für ein Werk verantwortlich war, bedeutet in positivem Sinn, daß er alles für das Gelingen Notwendige getan und alle Hindernisse, die sich dem Werk entgegengestellt haben, beseitigt hat. Hier beginnt bereits der Mißbrauch des Begriffes „verantwortlich sein". Die Anordnung eines Politikers z.B., daß ein Werk mit Steuergeldern der Bürger von Technikern errichtet werde, genügt noch keineswegs, um zu sagen, daß dieser verantwortlich für das Gelingen des Werkes gewesen sei. In diesem Falle bedeutet „für etwas verantwortlich sein" nur mehr einen „Ehrentitel", hat daher mit dem Sinn des Wortes nur mehr am Rande zu tun. (Dieser Miß-Brauch ist in Diktaturen üblich.) Jeder Mensch fühlt sich für alles verantwortlich, was gelungen ist und sieht im Verhalten anderer die Ursache, wenn etwas mißlungen ist. Dieses menschlich-psychologisch verständliche Verhalten ist bei Politikern oft zu beobachten.

Ein anderer Ausdruck: *„Eine verantwortungsvolle Tätigkeit ausüben"* verwendet grammatikalisch den Verantwortungsbegriff als Eigenschaftswort. Dem entsprechen sinngemäß die Ausdrucksformen *verantwortungsvoll handeln* und *verantwortungsbewußt handeln*. Immer ist jedenfalls ein Handeln unter ganz bestimmten geistigen Verhaltensweisen des Menschen gemeint.

Diese Verhaltensweisen umfassen etwa:
Eine besonders sorgfältige Prüfung der Motive, die zu einer Entscheidung führen, nach möglichst allen für die Entscheidung maßgebenden Kriterien,
Eine besonders hohe Konzentration während der gesamten Tätigkeit ohne Nachlassen derselben,
damit verbunden eine hohe Disziplin zur Vermeidung aller Einflüsse, die die Konzentration verhindern könnten.
Verläßlichkeit — Wahrheitsliebe — Dienstbereitschaft — Lernbereitschaft — Selbstprüfung und Selbstkritik — Informationsdenken[5] etc.

Aus dieser Zusammenstellung geht wohl hervor, daß alle Worte, die den Begriff „Verantwortung" enthalten, mit positiv empfundenem Inhalt verbunden

---

[5] „Informationsdenken" bedeutet das ständige Bewußtsein
a) des eigenen Informationsstandes und dessen Ergänzungsbedürftigkeit
b) der notwendigen Suche nach noch fehlenden Informationen vor einer Entscheidung
c) der Notwendigkeit, anderen rechtzeitig die richtige und ausreichende Information zukommen zu lassen
d) des Informationsstandes des anderen, von dem man bei dessen Information ausgehen muß
e) daß eine Information nur dann sinnvoll ist, wenn sie eine „wirksame Information" ist, wenn sie also nicht irgen'deine, sondern die gewünschte Wirkung nach sich zieht.

sind. Sie sind mit „Vernunft", „Liebe", „Verstand", „Überlegung" und ähnlichem gekoppelt, aber nicht mit Affekthandlungen, die oft als „unverantwortlich" angesehen werden. Wenn jemand seine Handlungen mit den Motiven seiner Erkenntnis begründet, dann wird oder vielmehr dann kann er von dem durch die Handlungen Betroffenen verstanden werden. Wenn er seine überquellenden Emotionen als Ursache seiner Handlungen darstellt, dann wird dies meist auf Unverständnis stoßen und damit eine Ablehnung seiner „Verantwortung" durch seine Mitmenschen zur Folge haben. Dies wird dann der Fall sein, wenn dieser Betroffene sich nicht in derselben Gefühlslage befindet, wenn er also anders fühlt als jener, der aus seinen Emotionen heraus gehandelt hat. Es ist aber auch möglich, daß z.B. ein Agitator, der in der Verantwortung seiner Handlungen den Emotionen des Volkes entspricht, gerade dadurch begeisterte Zustimmung sogar für verbrecherische Handlungen auslöst.

Ein Mißbrauch des Wort-Sinns „Verantwortung" liegt vor, wenn z.B. berichtet wird: „*XY hat dafür die Verantwortung übernommen*". Dieser Ausdruck wird z.B. gebraucht, wenn eine Terror-Organisation sich zur Ausführung eines Anschlages bekennt. Tatsächlich bedeutet „Verantwortung" in diesem Sinn nur, daß XY eine bestimmte Tat ausgeführt hat oder ausführen ließ, ist also ein bloßes Schuldbekenntnis an einer bestimmten Handlung. Richtig sollte es heißen: „XY hat zugegeben, die Tat ausgeführt zu haben (veranlaßt zu haben)"... und dann erst könnte eine Verantwortung erfolgen, die darin bestehen müßte, daß die Gründe für jedermann verständlich angeführt werden, die zu der Handlung geführt haben. Ein Schuldbekenntnis, also eine Tatsachenfeststellung, ist noch nicht Verantwortung.

Am Ende dieser Aufzählung verschiedener Verantwortungsbegriffe sei noch eine ganz moderne Art erwähnt: *Die politische Verantwortung*. Sie unterscheidet sich von den beiden genannten Verantwortungsarten, der moralischen und rechtlichen dadurch, daß es sie real gar nicht gibt. Sich verantworten heißt „Antwort geben auf eine Frage", und wir werden später sehen, daß es sich hierbei um eine ganz bestimmte Frage handelt, um jene, die nach den Motiven fragt, die eine bestimmte Handlung oder Unterlassung veranlaßt haben. Wenn man also schon von „politischer Verantwortung" spricht, dann wäre dies nur so richtig zu verstehen, daß der Politiker *jedem* Staatsbürger gegenüber, dessen Steuergelder er treuhändig zu verwalten hat, für die Verwaltung dieses Geldes verantwortlich ist. Daß er also wirklich dem betroffenen Steuerzahler seine Motive verständlich und wahrheitsgemäß zu offenbaren habe, – „ihm Rede und Antwort stehen muß" – die ihn bewogen haben, gerade jene Verwendung der Gelder jeder anderen möglichen Verwendung vorgezogen zu haben. Das gilt in noch viel höherem Maße dann, wenn dieser „Politiker" mehr Geld ausgibt, als er eigentlich zur Verfügung hat, wenn er also auf Kosten der Bürger Schulden macht, letzten Endes diesen – nicht den anonymen Staat – gegen dessen Willen zwingt, sich in Schulden zu stürzen.

So wird aber üblicherweise der Begriff „politische Verantwortung" nicht verstanden. Der „Politiker" meint damit nur, daß er ja abgewählt werden kann oder selbst abtreten könne, wenn er etwas getan hat, was nicht recht gewesen sei. Gerade diese Handlung aber widerspricht geradezu der Verantwortlichkeit des Politikers. Wenn sich dieser sogenannte Politiker ganz einfach mit hohen Pensionsansprüchen aus dem öffentlichen Leben zurückzieht, dann kommt er seiner Verantwortlichkeit *nicht* nach, dann flieht er in die Anonymität eines Pensionisten, dann flieht er die Verantwortung. Hat er es meist schon vorher versäumt, die Bürger und Steuerzahler, also seine Geldgeber verständlich (für *diese* verständlich) und wahrheitsgemäß über seine Motive zu informieren, oder gar deren ausdrückliche Zustimmung für seine Handlungen einzuholen, dann wird er das Versäumte als abgesetzter „Politiker" noch viel weniger nachholen.

Dies sollte uns bewußt sein, wenn „Politiker" von „politischer Verantwortung" reden und ohne Verantwortung im Sinne von „Antworten" handeln, wenn also Rede und Handlung einander widersprechen.

Der Politiker ist wie jeder Mensch sowohl moralisch als auch rechtlich verantwortlich. Seine rechtliche Verantwortlichkeit ist in jenem Staate, in dem die Politiker Privilegien und für gewisse Handlungen den Schutz der Immunität genießen, eingeschränkt — die moralische Verantwortlichkeit läßt sich gesetzlich nicht einschränken. Was politische Menschen, die aktiv in der Politik tätig sein wollen, in besonderem Maße haben sollten, ist moralisches Verantwortungsbewußtsein. Es schließt auch jede einseitige Verantwortung, z.B. nur gegenüber der eigenen Partei, aus. Ein Begriff der „politischen Verantwortung" ist sinnleer und unnötig. Die moralische Verantwortung, das moralische Verantwortungsbewußtsein würde für einen Politiker genügen und ist von diesem zu fordern.

Mit diesen Beispielen sollte gezeigt werden, daß der Begriff „sich verantworten" bezüglich seines Wortsinns — nur in diesem Sinn sollte er gebraucht werden, um Mißverständnisse zu vermeiden — nur als „moralische" oder „rechtliche" Verantwortung zu verstehen ist. Jeder andere Gebrauch, der in der jüngsten Zeit üblich ist, ignoriert den Sinn des Wortes, gibt ihm eine neue Bedeutung, um etwas Negatives hinter einem allgemein als positiv empfundenen Begriff zu verbergen.

Gegen den Mißbrauch eines Begriffes muß man sich nicht nur als Wissenschaftler zur Wehr setzen, sondern sollte dies auch als Mensch tun, damit noch eine Verständigungsmöglichkeit unter den Menschen ohne Mißverständnisse erhalten bleibt.

Die moralische Verantwortung

Bisher wurde der Begriff „Verantwortung" in seinen verschiedenen Gebrauchsformen gezeigt, in zulässigen, dem Wortsinn entsprechenden, und unzulässigen Formen. Wir konnten feststellen, daß „die Verantwortung" ein Überbegriff ist, der die verschiedensten Inhalte aufweist, und daß mit dem Gebrauch von verschiedenen Wortformen (Hauptwort, Zeitwort, Eigenschaftswort) ebenfalls grundlegend Verschiedenes ausgedrückt werden kann. Es gibt jedoch nur zwei tatsächlich verschiedene Arten von Verantwortung, die moralische und die rechtliche, wobei die „moralische Verantwortung" rechtlicher Grundlagen nicht bedarf — die „rechtliche Verantwortung" jedoch sehr wohl auf moralische Grundlagen aufbauen sollte.

Im weiteren Verlauf dieser Ausführungen werden wir uns auf die Darstellung der „moralischen Verantwortung" beschränken. Sie geht über die rechtliche Verantwortung hinaus. Sie kann und sollte Grundlage der Gesetzgebung sein, damit diese möglichst breite Zustimmung in der Bevölkerung findet. Wenn sie tatsächlich Grundlage der Gesetzgebung sein sollte, dann ist sie von der Gesetzgebung unabhängig — dann aber gilt sie in ihren Grundlagen überall, auf der ganzen Erde, für alle eines Verantwortungsbewußtseins fähigen Wesen. Damit ist die moralische Verantwortung aber auch eine Eigenschaft, die allen Menschen in natürlicher Weise zu eigen wäre. Eine solche Eigenschaft wäre dann ein Wesensmerkmal *aller* Menschen — sie könnte ein Teil des „Wesens des Menschen" sein.

Was bedeutet aber praktisch diese „Verantwortung"? Welche Eigenschaften sind/oder welche Handlung ist mit diesem Überbegriff tatsächlich für die Menschen (zwingend?) verbunden.

Stellen wir also einmal — vorläufig noch ohne Begründung — fest:

— Jeder Mensch ist für alle seine Handlungen jedem gegenüber verantwortlich, der von seinen Handlungen direkt oder indirekt (in der unmittelbaren oder ferneren Zukunft) betroffen wird. Diese moralische Verantwortlichkeit ist unabhängig vom Willen und der Bewußtheit des Handelnden, setzt aber seine Mündigkeit voraus.
— Auch ein bewußtes Unterlassen (eine Nicht-Handlung) ist in diesem Sinne eine Handlung.
— „Sich verantworten" heißt:
Rechenschaft über seine Handlungen ablegen,
begründen, warum man etwas gerade so und nicht anders getan hat, nachweisen, daß man etwas unter aller möglichen Voraussicht, letztlich nach bestem Wissen und Gewissen ausführte oder unterließ.

Sich verantworten kann man also nur *nach* einer Handlung — Verantwortung setzt eine Handlung oder ein bewußtes Unterlassen voraus.

Aus der Psychologie ist uns bekannt, daß allen Handlungen gewisse, einzelnen Handlungen oft mehrere Motive zugrunde liegen. Wir wissen aber auch, daß wir als Beobachter einer Handlung nicht mit Sicherheit auf diese Motive rückschließen können. Die Beurteilung einer Handlung erfolgt nach ihren Folgen, die sie für den betroffenen Menschen hat. Die Beurteilung des handelnden Menschen erfolgt nach seinen Motiven, die ihn zu dieser Handlung bewogen haben. Der von der Handlung Betroffene muß also die Motive, die Absichten des Handelnden kennen lernen, um seinen Mitmenschen richtig zu beurteilen.

Sich zu verantworten ist also eine psychologisch begründete Notwendigkeit — die moralische Verantwortung ist daher ein Begriff, der mit der Psychologie verbunden ist. Für das Verhalten des Menschen hat aber noch ein anderer mit der

Verantwortung verbundener Begriff wesentliche Bedeutung: das Verantwortungsbewußtsein. Dieser Begriff könnte etwa in folgender Weise definiert werden:

Verantwortungsbewußtsein ist das Bewußtsein des handelnden Menschen, daß er seine Handlung jedem gegenüber zu verantworten habe, der von ihr betroffen ist. Es bewirkt, daß das Handeln in einer Weise erfolgt, die sich dem Betroffenen gegenüber verantworten läßt. Gemeinsam mit dem Gewissen und dem Streben des Menschen nach Anerkennung seiner Handlungen läßt das Verantwortungsbewußtsein nur solche Handlungen zu, die subjektiv als „gut" empfunden werden. Wenn die Handlung selbst nicht sofort vom Betroffenen als positiv erkannt werden kann, dann müßten wenigstens – so die Meinung des Verantwortungsbewußten – seine Motive eine positive Wertung erfahren. Ein Verantwortungsbewußter wird also bemüht sein, das zu tun, was die Gesellschaft erwartet oder das, was er selbst subjektiv als gut für seine Mitmenschen erkannt hat. Verantwortungsbewußt handeln heißt also rücksichtsvoll handeln. Das Gegenteil von Verantwortungsbewußtsein ist Egoismus.

Die Verantwortung tritt also bei jeder Handlung in zweifacher Form auf:

– *Vor* der Handlung als Geistes-Haltung, gewissermaßen als geistige Charaktergrundlage,
– *Nach* der Handlung als verbale Aussage über die Motive, die zur Handlung geführt haben, jedem gegenüber, der von der Handlung betroffen ist.

Das Wesen des Menschen

Jeder Mensch ist also für alle seine Handlungen und für seine bewußt erfolgten Unterlassungen verantwortlich. Das Tier handelt doch auch ... aber handelt es bewußt in dem Sinne, wie der Mensch handelt? Manche sprechen einem Tier ein Bewußtsein überhaupt ab – dieser Ansicht kann ich mich *nicht* anschließen – aber ist nicht das Bewußtsein des Menschen ein anderes als das der Tiere? Jedenfalls trägt ein Tier keine moralische Verantwortung und wird nicht rechtlich zur Verantwortung gezogen für das, was es tut. Die Verantwortlichkeit ist eine rein menschliche Eigenschaft. Jene Eigenschaften, die ein Wesen von einem anderen unterscheiden, sind wesentliche Eigenschaften, sind also nicht nur solche Eigenschaften, die eine Unterscheidung erlauben, sondern zugleich jene, die ein Wesen zu dem machen, was es ist. Die Verantwortlichkeit ist solch eine wesentliche Eigenschaft, die den Menschen zum Menschen macht oder ihn uns als Mensch erscheinen läßt. Sie bildet – zumindest einen Teil – des Wesens des Menschen.

Der Begriff „Wesen des Menschen" ist wieder einmal ein mehrdeutiger, so daß auch darüber einige grundlegende Aussagen dem Folgenden vorangestellt werden müssen.

Unter diesem Begriff wird unter anderem auch der Charakter eines Menschen verstanden, also jene Eigenschaften, die ihn von anderen Menschen unterscheiden. Dies ist, wie aus dem einleitenden Absatz schon ersichtlich ist, hier nicht gemeint. Es ist vielmehr eine Eigenschaft unter diesem Begriff gesucht, die die Gattung „Mensch" von allen anderen Gattungen der Lebewesen heraushebt, unterscheidet — also eine grundlegende Eigenschaft, die alle Menschen besitzen, die aber keinem anderen Lebewesen eigen ist. Aber auch in dieser Weise wird das „Wesen des Menschen" noch nicht leicht eindeutig bestimmbar, denn die Wissenschaftler sehen die gesuchten Unterscheidungsmerkmale oft nur innerhalb ihres Arbeitsgebietes und vertreten die Ansicht, daß solche speziellen mehr oder weniger äußerlichen oder nach außen wirkenden Unterscheidungsmerkmale schon den ganzen Unterschied zwischen dem Menschen und den anderen Lebewesen umfassen — demnach das „Wesen des Menschen" seien. Biologen finden auf diese Weise biologische Merkmale, Verhaltensforscher finden ein nur dem Menschen eigenes spezielles Verhalten, das kein Tier aufweist (z.B. die besonders ausgeprägte sprachliche Ausdrucksfähigkeit), Theologen unterscheiden den Menschen von anderen Lebewesen vielleicht durch seine Bezogenheit auf ein „Jenseits", ein Leben nach dem Ende seines biologischen Lebens. Es wird auch von einigen die Ansicht vertreten, daß mit dem Begriff „Wesen des Menschen" seine Bestimmung in der Evolution gemeint sein könnte, also damit eine teleologische Frage nach dem „Menschen" gestellt werde, die prinzipiell unbeantwortbar sei, wenn man von Theologen absieht, die das Ziel der Entwicklung des Menschen vielleicht zu kennen glauben.

An sich wäre die Bestimmung des „Wesens des Menschen", also jener Eigenschaften, die den Menschen zu dem machen, was er ist — zum Menschen —, wohl die grundlegendste Aufgabe der Philosophen gewesen. Sie haben zwar jeweils eine bestimmte Eigenschaft oder ein Verhalten des Menschen als sein Wesentliches angesehen, aber ihre persönliche subjektive Ansicht nicht objektiviert, nicht geprüft und reflektiert. Martin Buber hat in einem schmalen Bändchen „Das Problem des Menschen" nachgewiesen, daß sich die Philosophen über dieses grundlegende Thema wohl keine besonderen Gedanken gemacht haben. Das, was sie jeweils für das Wesen des Menschen hielten, war mehr ein gedankliches Zufallsprodukt als das Ergebnis tieferen Nachdenkens. G.W.F. Hegel hat z.B. in einem unbegründeten Nebensatz die „Arbeit" als das Wesen des Menschen angegeben — ohne weiter davon Gebrauch zu machen, — Karl Marx hat diesen Nebensatz aufgegriffen[6] und darauf das aufgebaut, was wir heute mit einem inhaltlich nur mehr schwer bestimmbaren Begriff „Marxismus" bezeichnen — die Marxisten nennen es „Marxistische Philosophie". Auch diese Ansicht vom „Wesen des Men-

---

[6] Aus Karl Marx: „Manuskripte", verfaßt 1844:
„Das Große an der Hegelschen Phänomenologie und ihrem Endresultat ... ist also einmal, daß Hegel die Selbsterzeugung des Menschen als einen Prozeß faßt, ... daß er also das Wesen der Arbeit faßt und den gegenständlichen Menschen, wahren, weil wirklichen Menschen als Resultat seiner eigenen Arbeit begreift ... Hegel steht auf dem Standpunkt der modernen Nationalökonomie. Er erfaßt die Arbeit als das Wesen, als das sich bewährende Wesen des Menschen." Aus MEGA, I. Abt. Bd. 3, Seite 156/157.

schen" ist falsch, denn die Arbeit erfüllt nicht jene Bedingungen, die die Eigenschaften haben müssen, die dieses Wesen darstellen.[7]

Die Darstellung jener Eigenschaften, die das „Wesen des Menschen" bilden, könnte als Grundlage eines friedlichen Zusammenlebens aller Menschen dieser Erde dienen. Handelt es sich doch um jene Eigenschaften, die allen Menschen dieser Erde gemeinsam sind, allen Menschen aller Zeiten vor und nach und während dieser unserer Gegenwart. Wenn diese Eigenschaften auch noch als Möglichkeiten vorhanden wären, die unter gewissen Voraussetzungen gefördert, unter anderen jedoch unterdrückt werden könnten, dann könnte man sogar – nein, dann müßte man darauf aufbauend das grundlegende, für *alle* Menschen in gleicher Weise gültige Moralgesetz etwa in folgender Weise formulieren:

> „Gut ist alles, was das Wesen des Menschen fördert, böse ist, was das Wesen des Menschen hemmt oder unterdrückt oder vernichtet!" (Hausner 1973: 197f.)

Martin Buber führt in seinem 1938–1947 verfaßten Buch „Das Problem des Menschen" (Buber 1961) aus, was einige Philosophen (von Aristoteles bis Martin Heidegger) über das Wesen des Menschen gedacht und geschrieben haben. Nachdem er feststellt, daß keine der Anschauungen über das „Wesen des Menschen" befriedigend ist, gibt er Hinweise, was dieses Wesen leisten müsse, um zu einem der Wirklichkeit entsprechenden Ergebnis zu kommen. Buber schreibt:

„Wir haben ... gesehen, daß eine individualistische Anthropologie, die sich im wesentlichen nur mit dem Verhältnis der menschlichen Person zu sich selbst, mit dem Verhältnis zwischen dem Geist und den Trieben in ihr usw. beschäftigt, nicht zu einer Erkenntnis des Wesens des Menschen führen kann. Die Frage Kants ‚Was ist der Mensch?', kann, soweit sie überhaupt eine Antwort zu finden vermag, nie von der Betrachtung der menschlichen Person als solcher, sondern nur von ihrer Betrachtung in der Ganzheit ihrer Wesensbeziehungen zum Seienden aus beantwortet werden." (S. 158)

„Die Kritik an der individualistischen Methode geht gewöhnlich von der kollektivistischen Tendenz aus. Wenn aber der Individualismus nur einen Teil des Menschen erfaßt, so erfaßt der Kollektivismus nur den Menschen als Teil: zur Ganzheit des Menschen; zum Menschen als Ganzes dringen beide nicht vor. Der Individualismus sieht den Menschen nur in der Bezogenheit auf sich selbst, aber der Kollektivismus sieht den Menschen überhaupt nicht, er sieht nur die ‚Gesellschaft'. Dort ist das Antlitz des Menschen verzerrt, hier ist es verdeckt." (S. 159)

„Trotz aller Wiederbelebungsversuche ist die Zeit des Individualismus vorüber. Der Kollektivismus hingegen steht auf der Höhe seiner Entwicklung, obgleich da und dort einzelne Zeichen der Auflockerung sich zeigen. Hier gibt es keinen anderen Ausweg als den Aufstand der Person um der Befreiung der Beziehung willen. ... Man wird sich nicht mehr bloß wie bisher gegen eine bestimmte herrschende Tendenz um anderer Tendenzen willen empören, sondern gegen die fal-

---

[7] Diese Eigenschaften sind später angegeben.

sche Realisierung eines großen Strebens, des Strebens nach Gemeinschaft, um der echten Realisierung willen." (S. 163)

„Ich rede hier von Taten des Lebens; aber wodurch sie allein erweckt werden können, ist eine vitale Erkenntnis. Ihr erster Schritt muß die Zerschlagung einer falschen Alternative sein, die das Denken unserer Epoche durchsetzt hat, der Alternative ‚Individualismus oder Kollektivismus'. Ihre erste Frage muß die nach dem echten Dritten sein; wobei unter einem ‚echten' Dritten eine Anschauung zu verstehen ist, die weder auf eine der beiden genannten zurückgeführt werden kann, noch einen bloßen Ausgleich zwischen beiden darstellt."

„Das Leben und das Denken stehen hier in der gleichen Problematik. Wie das Leben fälschlich meint, zwischen Individualismus und Kollektivismus wählen zu müssen, so meint das Denken fälschlich, zwischen einer individualistischen Anthropologie und einer kollektivistischen Soziologie wählen zu müssen. Das echte Dritte, gefunden, wird auch hier den Weg weisen." (S. 164)

Dieses „echte Dritte" kann nur im Bereich des Geistigen gefunden werden, obwohl sicher ist, daß menschlicher Körper und menschlicher Geist erst in ihrem Zusammenwirken den Menschen ergeben. Der Mensch stellt eine geistig-körperliche Einheit dar in dem Sinne, daß Geist und Körper in ständiger Wechselwirkung stehen. Der menschliche Körper ohne menschlichen Geist müßte der Familie der Hominiden zugeordnet werden; menschlicher Geist ohne menschlichen Körper ist für den Menschen nicht wahrnehmbar. In diesem Sinne muß das von Martin Buber geforderte „echte Dritte" als Verbindungsglied zwischen Körper und Geist wirken — zumindest darf es nicht als trennendes oder singuläres Element auftreten.

Bei dieser Suche nach dem menschlichen Wesen sind außer der Entsprechung im Sinne einer Verbindung zwischen Individualismus und Kollektivismus auch die Verhältnisse des Menschen zu den Dingen und zu Gott zu berücksichtigen. Martin Buber beschreibt diese Verhältnisse: „Der Mensch hat seiner Beschaffenheit und seiner Lage nach ein dreifaches Lebensverhältnis. ... Das dreifache Lebensverhältnis des Menschen ist: sein Verhältnis zu der Welt und den Dingen, sein Verhältnis zu den Menschen, und zwar sowohl zu einzelnen als zur Vielheit, und sein Verhältnis zu dem zwar auch durch all dies durchscheinenden, aber all dies grundhaft transzendierenden Geheimnis des Seins, das der Philosoph das Absolute und der Gläubige Gott nennt, das aber auch für den, der beide Bezeichnungen verwirft, nicht faktisch aus seiner Situation ausgeschaltet werden kann." (S. 118)

Damit sind aber noch nicht alle Bedingungen festgelegt, denen die Darstellung des „Wesens des Menschen" genügen muß. Prinzipiell kann das „Wesen einer Sache" oder eines Sachverhaltes nur *innerhalb* dieser Sache gelegen sein. Alles, was sich außerhalb des Menschen befindet oder abspielt, kann daher nicht sein „Wesen" sein, kann ihn nicht zu dem machen, was er ist.

Eine weitere Bedingung muß erwähnt werden: Die Darstellung des „Wesen des Menschen" muß für alle Zeiten und alle Völker gelten, wenn sie wirklich das „Wesen" des Menschen erfassen will — sie darf keine zeitbedingte, keine geschlechts- und keine rassenbedingte Eigenschaft sein. Sie darf auch keine Entwicklungs-bedingte Eigenschaft sein, sondern muß zu seinen angeborenen Möglichkeiten gehören. Die Anlage, die den Menschen zum Menschen macht, bzw. ihn uns als Mensch erscheinen läßt, muß von seiner Geburt bis zu seinem Tod vorhanden sein. Wäre das nicht der Fall, dann würde der Mensch erst bei Erreichen eines bestimmten Entwicklungsstadiums ein „Mensch", — ein Gedanke, der zu denken nicht zulässig ist, weil er jeder Erfahrung widerspricht.

Eine notwendige Bedingung liegt noch in folgender Forderung: Wenn der einzelne seinem Wesen getreu lebt, dieses menschliche Wesen in sich pflegt und fördert, muß er zwangsläufig ein zufriedenes, glückliches Leben führen. Das Gegenteil ist zwar denkmöglich, aber praktisch nicht vorstellbar, daß nämlich jener, der seinem Wesen entsprechend lebt und handelt, unglücklich und unzufrieden wird.

Das Wesen des Menschen muß im Einklang mit seinen psychologischen Eigenschaften, Funktionen und Reaktionen stehen — zumindest darf jene Eigenschaft, die den Menschen zum Menschen macht, den psychologischen Eigenschaften nicht entgegenwirken.

Zusammengefaßt ergeben sich folgende Bedingungen, die eine Darstellung des „Wesens des Menschen" erfüllen müssen:

Die maßgebende Eigenschaft muß im Inneren des Menschen liegen und
muß in allen Menschen ohne Ausnahme vorhanden sein und
soll als Verbindungsglied zwischen Körper und Geist wirken.
Sie muß den Individualismus erklären und gleichzeitig den Kollektivismus als zwingende Notwendigkeit aufweisen.
Sie muß den psychologischen Eigenschaften des Menschen entsprechen.
Sie muß das dreifache Lebensverhältnis des Menschen ermöglichen:
sein Verhältnis zu der Welt und zu den Dingen
sein Verhältnis zu den Menschen und
sein Verhältnis zu dem, was der Philosoph das Absolute, der Gläubige „Gott" nennt.
Die Erfüllung seines Wesens muß im Menschen ein dauerhaftes Glücksgefühl auslösen.

Man erkennt allein aus den Bedingungen, die das „Wesen des Menschen" erfüllen muß, daß es sich hier nicht um eine bestimmte, streng vorgegebene Eigenschaft handeln kann, die alle Forderungen erfüllt, sondern nur um eine *Möglichkeit*, die dem Menschen von Natur aus gegeben ist.

Eine einzige Eigenschaft, die im Menschen als Möglichkeit angelegt ist, entspricht allen diesen Forderungen:

Die Erkenntnis von Gut und Böse im abstrakten Sinn
in Zusammenhang mit dem Gewissen.

Der Begriff „Erkenntnis" ist hier im psychologischen Sinn zu verstehen. In diesem Sinn sind „Erkenntnis" und „Urteilsvermögen" in ihrer Begrifflichkeit so ähnlich, daß man sie fast als synonym ansehen kann. Die „Erkenntnis" ist dem Menschen nur durch Vergleichen möglich. Wie in der graphischen Darstellung (Abb. 1) dargestellt ist, vergleicht die Erkenntnis, gewissermaßen als „geistige Zentrale", die äußeren und inneren Ereignisse (besser: die Empfindungen der Ereignisse) mit den im Gehirn gespeicherten Gedächtnisinhalten. Jedes Vergleichen beinhaltet aber auch ein Beurteilen, ein Urteil, ob das, was man empfindet, den entsprechenden Inhalten des Wissens oder der Gefühlsprägungen vollkommen entspricht, ähnlich ist oder widerspricht. Jedes Urteil bedarf also vorhergehender Erkenntnis – jede Erkenntnis mündet in einem Urteil.

Der Ausdruck „Gut und Böse im abstrakten Sinn" soll andeuten, daß damit z.B. ethische Werte, aber nicht „nützlich" und „schädlich" gemeint sind. Auch Tiere können das für sie „Nützliche" und „Schädliche" erkennen. Es darf aber nach den bisher gewonnenen Erkenntnissen der Verhaltensforschung bei Tieren mit großer Sicherheit angenommen werden, daß sie ihr Verhalten nicht nach ethischen Kriterien einrichten. Außer ethischen Werten ist in dem Begriff des Abstrakten auch der Zeitbegriff enthalten. Auch die Begriffe „wichtig" und „unwichtig" werden durch den Oberbegriff „Gut" und „Böse" mit noch einigen anderen Gegensatzpaaren erfaßt.

Noch etwas sollte besonders beachtet werden: Der Mensch hat die Möglichkeit, Gut und Böse zu *erkennen* und zu *unterscheiden*. Dies bedeutet nicht, daß er die Möglichkeit hat, absolut zu *bestimmen*, was „Gut" und was „Böse" wirklich sei. Die Erkenntnis von „Gut" und „Böse" besteht als Möglichkeit darin, eine subjektive Unterscheidung der beiden Gegensätze vorzunehmen – mehr nicht. Was jeweils als „Gut" und „Böse" gilt, was dafür gehalten wird oder in dieser Weise gehalten werden muß, bestimmt die Gesellschaft, in der man aufgewachsen ist, in der man lebt und deren Kultur man in sich trägt oder zu tragen vermeint.

Von den oben aufgestellten Forderungen erfüllt die „Erkenntnis" selbst einen Großteil:

Sie liegt im Inneren des Menschen, in seinem geistigen Bereich, und sie ist in allen Menschen aller Zeiten ohne Ausnahme vorhanden.

Die Erkenntnis ist allerdings nur als Möglichkeit vorhanden – der Mensch muß von ihr nicht oder nicht immer Gebrauch machen. Aber auch dann, wenn er nicht nach eigener Erkenntnis, sondern nach fremder Anordnung handelt, ist und bleibt er „Mensch" – denn die Möglichkeit, die eigene Erkenntnis einzusetzen, bleibt bestehen.

Die Erkenntnis ist der Mittelpunkt des Individualismus und der Persönlichkeitsbildung. Der Mensch wird in seiner Entwicklung um so mehr „Persönlichkeit", je mehr er von seiner Möglichkeit eigener Erkenntnis und eigener Urteilsbildung Gebrauch macht.

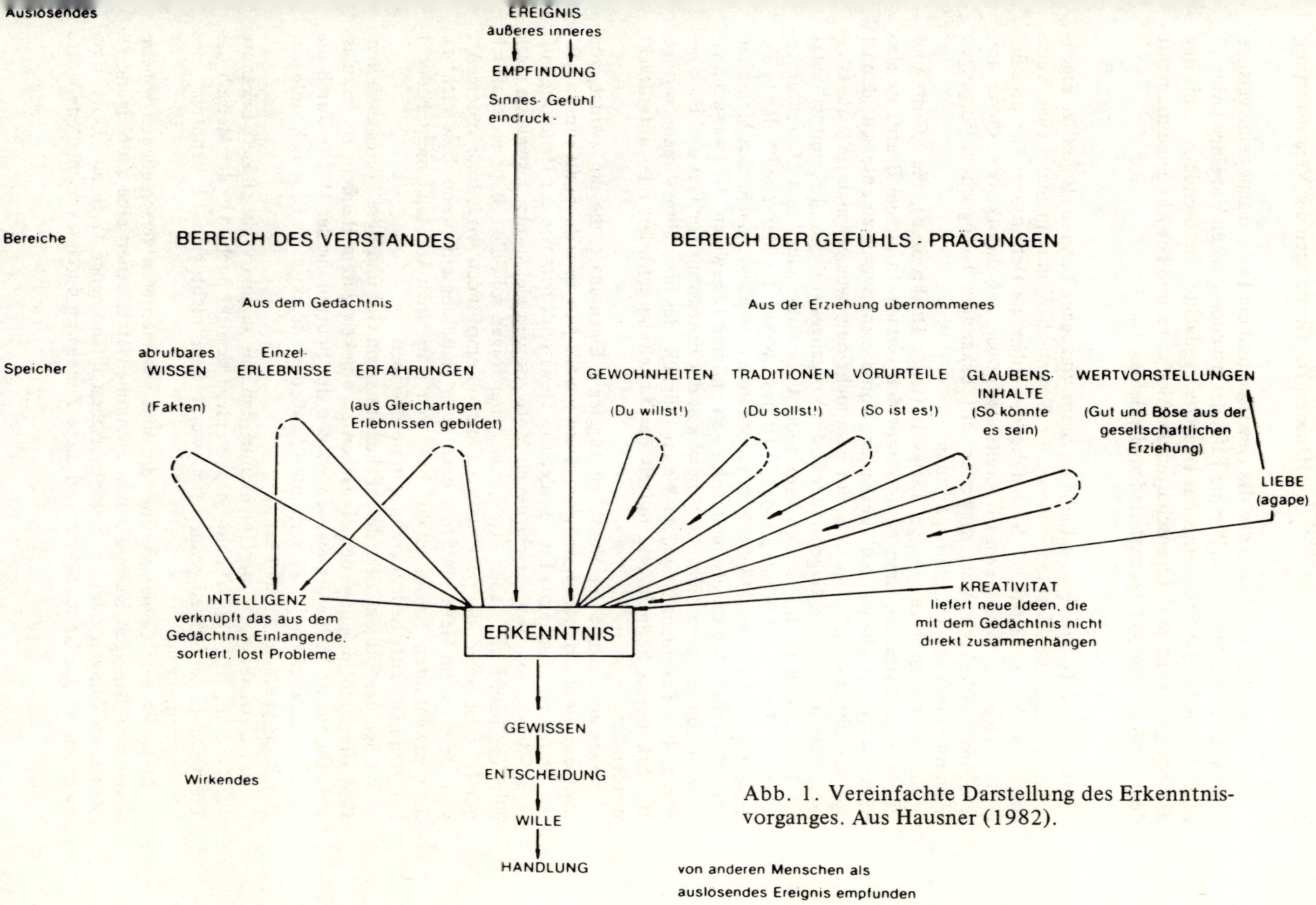

Abb. 1. Vereinfachte Darstellung des Erkenntnisvorganges. Aus Hausner (1982).

Die Erkenntnis ist ebenso wie das Gewissen und die Liebe (agape) eine geistige Eigenschaft[8] des Menschen. Wie die Tafel der psychologischen Vorgänge (Abb. 1) zeigt, verbindet die Erkenntnis das (materiell gedachte) auslösende Ereignis mit den übrigen „geistigen" Eigenschaften des Menschen und bewirkt gemeinsam mit dem Gewissen die Art des materiellen Handelns.

---

[8] Erkenntnis, Gewissen und Liebe im Sinne von agape können als geistige Eigenschaften angesehen werden, solange ihr Wirkmechanismus in materieller Weise auf keine Art erklärbar ist. Nachstehend werden die Definitionen der drei Begriffe angegeben. Aus diesen ist bereits erkennbar, daß die Aktivität dieser drei sehr real wirkenden Vorgangsweisen mit bekannten biologischen Vorgängen noch nicht identifiziert werden können.

Erkenntnis ist jene geistige Tätigkeit (jener Denkprozeß), die „Gut" und „Böse" im abstrakten Sinn zu unterscheiden vermag. In diesem Begriff ist also immer auch ein „Beurteilen" enthalten. Von diesem Begriff zu unterscheiden ist der des „Erkennens", bei dem nur eine mehr oder weniger materielle Feststellung eines bestimmten Gegenstandes oder Vorganges vorliegt. „Erkenntnis" setzt ein Bewußtsein voraus – man kann nicht unbewußt „Gut" und „Böse" unterscheiden. Das „Erkenntnisvermögen" ist das „Wesen des Menschen", das heißt, diese Eigenschaft, als Möglichkeit im Menschen angelegt, macht den Menschen zum Menschen. Sie unterscheidet ihn von anderen Lebewesen, die zwar auch erkennen können, aber nicht die Möglichkeit der Erkenntnis von Gut und Böse besitzen. Das Erkennen ist jedem Wesen möglich, das über Sinnesorgane verfügt. Die Erkenntnis kann in und mittels der Erziehung gefördert oder unterdrückt werden.

Gewissen ist jene im Menschen angelegte Eigenschaft, die ihn zwingt, von zwei oder mehr Handlungsmöglichkeiten jeweils jene zu wählen, die ihm subjektiv als die beste scheint. Ein „schlechtes Gewissen" *tritt vor* der Handlung auf, wenn Motive aus zwei verschiedenen Motivgruppen gleich oder fast gleich stark sind und man nicht sicher ist, ob man jener folgen soll, die z.B. gesellschaftlich gut ist oder jener, die persönlich als lustvoll empfunden wird. Eine andere Art von „schlechtem Gewissen" *tritt nach* einer Handlung auf, wenn diese nicht zu dem gewünschten Erfolg geführt hat, weil man einen Umstand nicht bedacht hat, den man hätte bedenken müssen und können.

Infolge der Subjektivität der „Erkenntnis von Gut und Böse" ist es auch dem Gewissen nicht möglich, den Menschen zu objektiv gutem Handeln zu veranlassen. Das nicht bildbare Gewissen ist von der Beurteilung der Motive durch die Erkenntnis abhängig – es verhindert, daß das subjektiv als Böse Erkannte zur Handlung gebracht werden kann.

Das Gewissen verhindert nicht nur, daß das subjektiv als „Böse" Erkannte als Handlung real verwirklicht wird, sondern bewirkt auch, daß der Mensch das Lustvolle (Triebbefriedigende) tut, wenn dem nicht eine „Erkenntnis" des „Bösen" entgegensteht.

Liebe ist eine Gemütshaltung, die sich aus mehreren verschiedenen voneinander unabhängigen Komponenten zusammensetzt, denen eine Zu-Neigung zu Menschen, Dingen oder zu metaphysischen Phänomenen (z.B. zu „Gott") gemeinsam ist. Im Griechischen wird diese Zuneigung durch 4 verschiedene Worte

Von dem „dreifachen Lebensverhältnis", das Martin Buber erwähnt hat, wird durch Erkenntnis und Gewissen nur ein zweifaches hergestellt: sein Verhältnis zu der Welt und den Dingen und sein Verhältnis zu den Menschen. In diesen beiden Verhältnissen bildet die Erkenntnis einerseits das Erkennende und Beurteilende, andererseits gemeinsam mit dem Gewissen die geistigen Grundlagen des Handelns.

Jener Mensch lebt harmonisch, also „glücklich", dessen inneres Befinden sich mit der äußeren Welt in Übereinstimmung befindet. Jener also, der seine Möglichkeiten richtig beurteilt (Erkenntnis) und der genau weiß, daß er, seinem Wissen und seinen Möglichkeiten entsprechend, richtig gehandelt hat (Gewissen). Zum dauerhaften menschlichen Glücksgefühl gehört auch das Gefühl innerer Sicherheit, das man erreicht, wenn man aus eigener Erkenntnis die Überzeugung erlangt, richtig im Sinne des Gewissens gehandelt zu haben.

Es fehlt noch der Zusammenhang der „Erkenntnis" mit dem Kollektivismus des Menschen und mit dem, „was der Philosoph das Absolute und der Gläubige ‚Gott' nennt." Dieser Zusammenhang ist über den Begriff „Verantwortung" herzustellen.

Sich verantworten heißt im moralischen Sinn Rechenschaft über seine Handlungen ablegen, wahrheitsgemäß begründen, warum man etwas gerade so und nicht anders getan hat, nachweisen, daß man etwas unter aller möglichen Voraussicht, letztlich „nach bestem Wissen und Gewissen" ausführte oder unterließ. Um Rechenschaft ablegen zu können, müssen mehrere Voraussetzungen erfüllt sein.

Es muß jemand da sein, dem man Rechenschaft geben, sich verantworten kann. Dies kann jemand sein, der eine Anordnung gegeben hat, die zu befolgen war (eine Person, eine Gruppe oder eine Organisation, zum Beispiel der Staat) oder jemand, der sich durch eine Handlung des Verantwortenden betroffen fühlt.

Sich oder anderen gegenüber Rechenschaft ablegen, also die Gründe der Handlung offenbar machen, heißt aber, die der Handlung vorhergehenden Erkenntnisse darlegen.

Verantwortung ist also ohne Erkenntnis nicht möglich. Die Handlung, für die der Mensch Verantwortung übernehmen muß, ist einmal da. Sich verantworten, also anderen gegenüber Rechenschaft ablegen, kann man nur über die dieser

---

ausgedrückt: agape — allgemeine geistige Menschenliebe, eros — körperliche Liebe, philia — Liebe zu den Dingen, Neugierde, storge — aus der Tradition entstandene Liebe. Dazu kommt noch die Mutterliebe. Was wir als Liebe bezeichnen, ist eine verschiedenartige Mischung aus den oben angegebenen vier Arten der Zuneigung, wodurch sich die vielen Ausdrucksformen ergeben und das Phänomen so schwer zu beschreiben ist.

Agape beeinflußt die von Natur aus harten Wertvorstellungen in der Weise, daß sie ermöglicht, den Menschen mit anderen Wertvorstellungen zu verstehen, ohne selbst die eigenen aufzugeben. Agape ist durch die Erziehung zu fördern, doch genügt es nicht, dem Kind Liebe zu geben — es muß selbst Liebe an sich erfahren haben, um liebesfähig zu werden. Agape fördert auch das Verständnis anderer Lebewesen und der Umwelt.

Handlung zugrunde gelegte Erkenntnis. (Ohne vorhergehende Handlung wäre „Verantwortung" sinnlos.)

Die Erkenntnis bildet daher die Grundlage der Verantwortlichkeit – die Verantwortung ist zwingende Folge der Erkenntnis – Erkenntnis und Verantwortung sind demgemäß untrennbar miteinander verbunden.

Ein Tier, dem die Möglichkeit der „Erkenntnis von Gut und Böse im abstrakten Sinn" fehlt, trägt für seine Handlung daher auch keine Verantwortung, kann auch vom Menschen nicht zur Verantwortung gezogen werden.

Wir Menschen sind so auf natürliche Weise durch unsere gegenseitige Verantwortlichkeit zu einer Gemeinschaft verbunden – der „Kollektivismus des Menschen" ist daher ebenfalls durch die „Erkenntnis" begründet. „Jeder ist jedem gegenüber verantwortlich, der durch seine Handlungen betroffen ist und jeder, der von der Handlung eines anderen betroffen ist, hat einen natürlichen Anspruch auf die Verantwortung des Handelnden, darf also erwarten, daß er von diesem die Gründe seines Handelns erfährt, gleichgültig, ob er die Handlung selbst als positiv oder negativ empfindet." (Hausner 1982)

Dieser „natürliche Anspruch auf die Verantwortung des Handelnden" entsteht durch eine Eigenschaft der „Erkenntnis": Jeder Mensch, dessen Erkenntnismöglichkeit in der Jugend geweckt worden ist, wird immer wieder nach dem „WARUM" fragen. (Ein kleines Kind fragt „WAS ist das?", ein älteres fragt „WIE funktioniert das?"). Wenn die Erkenntnis gefördert wurde, wurde gleichzeitig die Neugier des Menschen geweckt. Diese Eigenschaft der Erkenntnis führt auf das dritte von Martin Buber erwähnte Verhältnis des Menschen, auf das Verhältnis zu Gott.

Der Mensch fragt also nach jedem Ereignis „Warum ist das geschehen?", erhält aber nicht immer eine befriedigende Antwort – vor allem nicht beim Auftreten von Naturgewalten und bei der Erkenntnis, daß ein Unglück gerade *ihn* getroffen hat, aber nicht seinen Nachbarn. „Warum wohl?" Aus diesen prinzipiell für den einzelnen Menschen unbeantwortbaren Fragen entstand eine ungeheure Vielfalt von Gottes-Begriffen, personifiziert in Göttern, die den einzelnen Naturgewalten innewohnten, in Dämonen, Nymphen und Feen, in Menschen, die nach ihrem Tod zu Göttern wurden, bis zur Entwicklung des Glaubens an einen einzigen Gott.

Der Gottes-Begriff der Natur-Religionen (nicht jener der Religions-Lehren von Buddha bis Mohammed) ist also aus psychologischer Notwendigkeit entstanden, aus der Sehnsucht nach möglichst weitgehender und befriedigender „Erkenntnis", aus dem Bedürfnis nach Sicherheit und Geborgenheit in einer für den Menschen unbegreiflichen (Um-)Welt und dem daraus folgenden Anspruch auf Verantwortung (Begründung) der durch einen anderen, wenn auch Unbekannten, bewirkten Handlung. Daraus ergibt sich die Unterschiedlichkeit des Gottes-Begriffes und der damit verbundenen religiösen Handlungen, ergeben sich die Unterschiede im Glauben ... alle begründet in den subjektiven Erkenntnissen verschieden denkender Menschen und in dem allen Menschen gemeinsamen Drang, auch das Unbekannte erfahren, auch mit dem Unbekannten in einen Kontakt der gegenseitigen Verantwortlichkeit treten zu wollen.

Damit sind alle Forderungen erfüllt, die an jene Eigenschaften gestellt werden müssen, denen das „Wesen des Menschen" zu entsprechen hat. Es darf daher festgestellt werden:

Das Wesen des Menschen besteht in seiner Möglichkeit, Gut und Böse im abstrakten Sinn erkennen zu können – als Individualismus – und in der daraus zwingend folgenden Verantwortlichkeit – als Kollektivismus des Menschen.

Die Verantwortung, oder besser ausgedrückt, die Verantwortlichkeit des Menschen ist zwar nicht selbst das dem Menschen innewohnende „Wesen des Menschen" – das ist die Erkenntnis – jedoch so innig und zwingend mit dieser Erkenntnis verbunden, daß wir berechtigt sind, sie dem „Wesen des Menschen" gleichwertig anzufügen. Erst dann, wenn wir die Bedeutung des „Wesen des Menschen" vollkommen begriffen haben, seine Bedeutung gleichermaßen für den Einzelmenschen wie für die Gesellschaft und für die Menschheit als ganzes, erst dann werden wir die Bedeutung der Verantwortung für den Menschen erkennen können.

Ich hoffe, daß es mir gelungen ist, über die bekannte Tatsache hinaus, daß die Verantwortlichkeit eine nur dem Menschen eigentümliche Eigenschaft ist, zu beweisen, warum dies so ist und welche zwingenden Zusammenhänge zwischen dem Wesen des Menschen und der Verantwortung bestehen.

In bezug auf die „Gesellschaft für Verantwortung in der Wissenschaft" (GVW) läßt sich daraus allerdings ein wichtiges und für die Zukunft notwendig erscheinendes Verhalten ableiten: „Verantwortung" ist eine allen Menschen mögliche Verhaltensweise – sie ist keineswegs nur auf die Wissenschaftler beschränkt. Es wäre also mehr als nur wünschenswert, wenn die Mitglieder der GVW nicht nur in ihren eigenen Reihen und nicht nur in der Wissenschaft selbst in bezug auf die Wissenschaft für die Steigerung des Verantwortungsbewußtseins wirken würden, sondern wenn sie auch allen anderen nicht wissenschaftlich Tätigen oder Gebildeten die nachweisbaren Grundlagen der Verantwortung klar machen und nahe bringen würden. Nur dann handelten sie verantwortungsbewußt ihren Mitmenschen gegenüber in dem Sinne:

Wer mehr weiß, trägt Verantwortung für den, der weniger weiß!

Literatur

Buber, M.: Das Problem des Menschen. – Lambert Schneider, Heidelberg 1961.
Hausner, H. H.: Verantwortung, Betrachtungen über das Wesen des Menschen. – Ernst Schwarcz, Wien 1973.
– Grundlagen der praktischen Psychologie. – Elfriede Roetzer, Eisenstadt 1982.
Weischedl, W.: Das Wesen der Verantwortung, 3. Aufl. 1972. – Vittorio Klostermann, Frankfurt, 1. Aufl. 1933 (Alle Zitate aus der Auflage 1972).

Verantwortung in der Praxis – Industrielle Forschung und Entwicklung

von Hans-Georg KNOCHE

Mit 5 Abbildungen

1.
Verantwortung ist das Leitthema dieser Tagung. Aufgabe meines Beitrags ist es, diesen Begriff in Beziehung zu setzen zu menschlichem Denken, Wollen und Wirken im Alltag der industriellen Berufswelt. Beim Nachsinnen darüber stößt man auf Fragen

Was ist Verantwortung?
Für was wird Verantwortung gefordert?
Wem gegenüber trägt der Mensch Verantwortung?

Dies sind ethisch-religiöse Fragen, die wir hier nur andeutungsweise beantworten können. Ich versuche es mit einem Zitat von D. Bonhoeffer aus dessen „Ethik" (1949: 193): „Verantwortung und Freiheit sind einander korrespondierende Begriffe, Verantwortung setzt sachlich – nicht zeitlich – Freiheit voraus, wie Freiheit nur in der Verantwortung bestehen kann. Verantwortung ist die in der Bindung an Gott und den Nächsten allein gegebene Freiheit der Menschen. Ohne Rückendeckung durch Menschen, Umstände oder Prinzipien, aber unter Berücksichtigung aller gegebenen menschlichen, allgemeinen, prinzipiellen Verhältnisse handelt der Verantwortliche in der Freiheit des eigenen Selbst".
Damit wird die Dimension deutlich, in der wir Verantwortung wägen und werten sollen. Etymologisch enthält der Begriff die Bedeutung von „Antwort geben" – Antwort gibt man auf einen Anruf. Dieser kann uns aus unserem Gewissen erreichen, letztlich ist jeder Mensch dem Antwort schuldig, der ihn in das Leben gerufen hat – nämlich Gott. Dies macht seine Würde aus, daß er seinem Schöpfer Antwort geben kann. Das „ADAM – wo bist du?" (Adam heißt Mensch) trifft uns heute so – wie jene, die die Schöpfungsgeschichte geschrieben haben.
Für unsere Überlegungen scheint dies bemerkenswert: Verantwortung trägt zuallererst der einzelne Mensch, nicht ein Kollektiv, sondern allenfalls mehrere, aber individuelle Menschen – jeder von ihnen steht voll in der Verantwortung. Wenn heute Verantwortung für dies oder jenes übernommen bzw. zugewiesen wird, sind meist Organisationen die verantwortliche Institution, deren einzelne

Glieder eben nicht „ohne Rückendeckung durch Menschen, Umstände oder Prinzipien in der Freiheit des eigenen Selbst handeln".

Ein weiterer Gesichtspunkt ist die Komplementarität von Freiheit und Verantwortung. Wenn wir uns die Geschichte der Wissenschaft und der Technik jetzt in der Kürze der Zeit einmal im Geiste vergegenwärtigen, so sind die großen Kultur prägenden Leistungen von Menschen erbracht worden, die in der Freiheit des eigenen Selbst ihre Erkenntnisse ohne jegliche Absicherung durch Menschen oder gültige Prinzipien − meist unter großen persönlichen Opfern − durchgehalten haben und die Wahrheit des Neuen verantwortet haben. Das erkennen wir bei Sokrates und bei Galilei bis hin zu den großen Entdeckern des vorigen Jahrhunderts. (Es läßt sich auch auf Gestalten wie Martin Luther und Henri Dunant, den Begründer des Roten Kreuzes, übertragen, und viele andere, die wir nicht der Wissenschaft zuordnen.)

2.

Ich komme jetzt zu einem anderen Gedanken.

An das Ende des 18. Jahrhunderts datieren wir den Beginn der Industrialisierung, die Entstehung der gewerblichen, vorwiegend maschinellen Herstellung von materiellen Gütern. (Das Wort Industrie erscheint im deutschen Sprachraum im 17. und 18. Jahrhundert in der Bedeutung von *Fleiß* und *Betriebsamkeit* entsprechend seiner etymologischen Wurzel, des lateinischen *industria* mit gleicher Bedeutung.)

Die Entwicklung des Verkehrs − mit Eisenbahn, Kraftfahrzeugen und Motorschiffen −, des Nachrichtenwesens, die Herstellung von Massengütern war ermöglicht worden durch einige bahnbrechende Basis-Innovationen − der Dampfmaschine, des Otto- und Dieselmotors, des Telegrafen. Parallel dazu müssen wir die Entwicklungen in der Chemie sehen, durch bahnbrechende Arbeiten eingeleitet, welche vor allem die landwirtschaftliche Produktion zu steigern ermöglichten, wir müssen die segensreichen Arbeiten in der Biologie, insbesondere der Bakteriologie − Robert Koch sei hier erwähnt − nennen, und die Entdeckung der Röntgenstrahlen. Im politischen Raum gelang die Überwindung des kleinstaatlichen Denkens − in Wechselbeziehung zu den Entwicklungen in Wissenschaft und Technik − was der politischen Genialität eines Mannes wie Bismarck zuzuschreiben ist.

Wiederum kurz gerafft: Das Industriezeitalter gründet sich auf Innovationen, dies nicht nur im technischen Bereich, sondern auch in anderen wissenschaftlichen Disziplinen und im politischen Denken.

Eine weitere Feststellung: Die Erfindung technischen Gerätes war nur möglich, weil die Naturwissenschaften die Grundlagen hierfür gelegt hatten. Im 17. Jahrhundert begann mit der mathematisch abstrahierten Beschreibung von Naturvorgängen − die Fallgesetze stehen hier am Anfang − der autonome Weg der Naturwissenschaft. Ohne die Mechanik von Newton und den Aufbruch in der Mathematik und Physik wäre keine Industrie im 18. und 19. Jahrhundert entstanden. Dieser Rückblick möge zu folgenden Überlegungen überleiten.

3.
Seit etwa einem Jahrzehnt – ich meine, das Forrester-Modell und der Bericht von Meadows, Dennis u.a. des Club of Rome sind die Auslöser gewesen – denken wir über die Entwicklungsprozesse unserer Zeitepoche nach, die wir mit dem Wort „Industriezeitalter" umschreiben. Das Aufkommen der industriellen Wirtschaft läßt sich ja an einfachen Parametern erkennen, nämlich an der Beschäftigungsquote in den Industriebetrieben und an dem Kapital, das anteilig dort ein- und umgesetzt wird, sowie an den damit erzeugten Produkten im Verhältnis zum gesamten Produktionsaufkommen. Das Industriezeitalter löste die Epoche der Agrarwirtschaft ab.

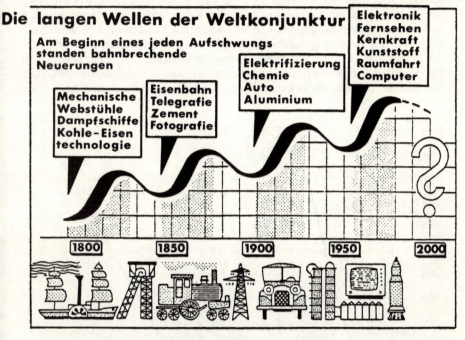

Abb. 1. Bahnbrechende Neuerungen haben die Wirtschaftsentwicklung stets vorangetrieben. Mit den Umsetzungen der Erfindungen, der gedanklichen Vorarbeit, in technischen Nutzen, wird nicht nur das Leben des einzelnen und der Gemeinschaft wesentlich verändert. Sie beflügeln den ökonomischen Fortschritt, ermöglichen eine Gewinnzielung, tragen so zur Kapitalbildung bei, die wiederum Grundlage für weiteren Wohlstand ist. Erkennbar werden diese Wachstumswellen erst in der historischen Betrachtung. Offen bleibt deswegen, ob Elektronik und Computer, Kernkraft oder Kunststoffe, Fernsehen oder Raumfahrt die treibenden Innovationen im letzten Teil dieses Jahrhunderts sind. Vielleicht wird der große Schub erst durch die Neubesinnung im Energiebetrieb ausgelöst, die Abkehr vom Öl. (Süddeutsche Zeitung, Weihnachten 1979).

Im Verlauf der zunehmenden Industrialisierung, die sich selbst befruchtete, lassen sich gewisse Entwicklungsphasen erkennen, die in Abb. 1 dargestellt sind. Es stellt die regelmäßigen Perioden der Weltkonjunktur dar, die eine Dauer von etwas mehr als 50 Jahren aufweisen und durch jeweils bahnbrechende Erfindungen eingeleitet werden. Diese setzen jeweils in einer Rezession ein und führen einen neuen Konjunkturaufschwung herbei. Die 1979 veröffentlichte Grafik deutet schon die damals erkennbare Talfahrt an, in der wir uns nun befinden.

Die Systematik der zyklischen Konjunkturbewegung läßt sich nach neuen systemanalytischen Untersuchungen in den letzten 200 Jahren nachweisen. Ich gebe dazu einige Gedanken und Darstellungen aus einem Artikel der Oktober-Ausgabe von „Bild der Wissenschaft" von Cesare Marchetti (1982: 115 ff.) wieder − dies wiederum notgedrungen in aller Kürze. Dieser hat dargestellt, daß Erfindungen, Basisinnovationen und technologische Umsetzungen in wirtschaftliche Nutzung durch sog. logistische Funktionen zu beschreiben sind, wie auch das Lernen oder die Entdeckungen gewisser naturwissenschaftlicher Disziplinen. Die logistische Funktion wird durch den in Abb. 2 dargestellten Ausdruck beschrieben, grafisch die bekannte Wachstumsfunktion, die in eine Asymptote

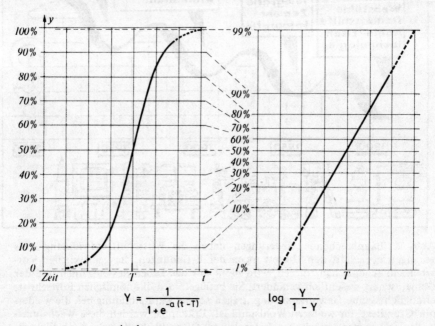

Abb.2.

in der
Y die wachsende Größe,
t die jeweils betrachtete Zeit,
T der Zeitpunkt der 50 %-Sättigung und
a ein Maß für die Geschwindigkeit des Wachstums ist.

Lernen verläuft logistisch bei Kindern ... ... und Gelehrten

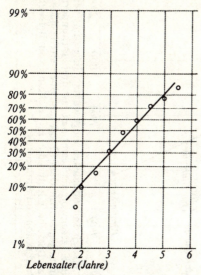
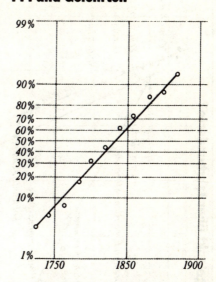

Den Lernfortschritt von Vorschulkindern kann man an der Zahl von Wörtern messen, die sie im jeweiligen Alter beherrschen. Trägt man ihren durchschnittlichen Wortschatz im Verhältnis zum Vorrat der Umgangssprache – rund 2500 Wörter – auf, so ergibt sich eine logistische Kurve, in dem hier benutzten Maßstab also eine Gerade.
Abb. 2a

Der „Lernfortschritt" der Chemiker zwischen 1700 und 1850 folgt demselben Gesetz, wenn man ihn daran mißt, wie viele der in dieser Epoche insgesamt entdeckten 50 chemischen Elemente sie zur jeweiligen Zeit bereits entdeckt hatten. Die Kreativität scheint nach einem magischen Prinzip an die Wissenschaftler verteilt worden zu sein.

mündet. Durch die logarithmische Transformation läßt sie sich als Gerade darstellen. Der Lernzuwachs bei Kindern – gemessen an ihrem Wortschatz – oder daneben die Entdeckung der chemischen Elemente im vorigen Jahrhundert sind als Beispiele aufgeführt (Abb. 2a). Ebenso lassen sich die Verbesserungen der Wirkungsgrade verschiedener physikalisch-technischer Prozesse in dieser Weise darstellen – hier der Welt-Elektrizitätserzeugung, dort der Dampfkraftmaschinen, der Beleuchtungskörper oder der Ammoniakherstellung (Abb. 3).

Wenn man dies mit Erstaunen wahrgenommen hat, kann man die Zyklen der Erfindungen und Basisinnovationen der letzten Jahrhunderte etwa verstehen. Als Basisinnovationen werden solche bezeichnet, die in die industrielle Produktion eingegangen sind. Basis-Innovationen sind wiederum entstanden aufgrund vorhergegangener Ergebnisse der Grundlagenforschung und neuer Erfindungen

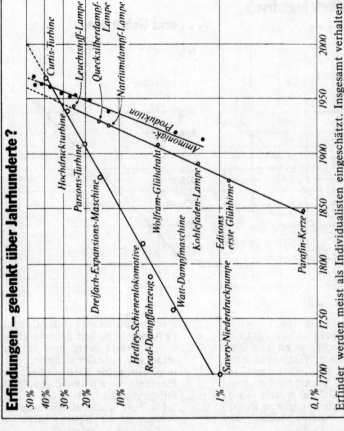

Lernprozesse – kaum aufzuhalten

Selbst Ereignisse wie Kriege scheinen Lernvorgänge, wie sie sich in der Weiterentwicklung von Maschinen und Verfahren zeigen, kaum oder höchstens vorübergehend zu beeinflussen: Der thermodynamische Wirkungsgrad, den die britische Stahlindustrie erreichen konnte, zeigt eine Verzögerung während des Zweiten Weltkrieges. Danach aber rastete die Entwicklung wieder exakt in die logistische Gerade ein, als wäre nichts geschehen. Für die weltweite Elektrizitätserzeugung war der Zweite Weltkrieg sogar ein belangloses Ereignis: Ihr Wirkungsgrad stieg vollkommen gleichmäßig – logistisch –

Erfindungen – gelenkt über Jahrhunderte?

Erfinder werden meist als Individualisten eingeschätzt. Insgesamt verhalten sie sich aber wie ein eingeschworenes Team: Seit fast drei Jahrhunderten verbessern sie den Wirkungsgrad von Dampfkraftmaschinen streng nach einem logistischen Gesetz. Dasselbe gilt für die Entwicklung von Beleuchtungskörpern oder die Produktion von Ammoniak.

Abb. 3

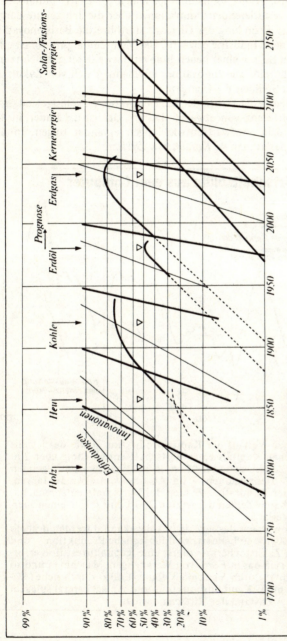

Innovationswellen bis zum Jahr 2150

Folgen die nächsten Innovationswellen demselben Gesetz wie die bisherigen, muß man im Jahr 2025 mit dem Einsetzen (1 %) einer neuen Energiequelle rechnen, wofür durchaus die Kernfusion in Frage kommt. Es könnte aber auch die Solarenergie ihren Aufschwung nehmen. Im Jahr 2010 müßte ein Demonstrationskraftwerk gebaut sein. Der Höhepunkt der Erdgasnutzung müßte 2040 erreicht sein und 50 Jahre später – um 2090 – die umfassendste Nutzung der Kernspaltung.

Abb. 4

(Abb. 4). Dort ist die prozentuale Zunahme des neuen „Wissens" durch Erfindungen und der daraus resultierenden Innovationen über die Jahrzehnte dargestellt. So ermöglichte die Erfindung der Gleichrichterröhre die Basisinnovation des Radios, woraus eine neue Industrie erwuchs. Der Verbrennungsmotor ist eine Basisinnovation. Mit dem Beginn einer neuen Innovationswelle setzt die Nutzung einer neuen Energiequelle ein. Die Innovation beschleunigt sich von Zyklus zu Zyklus, erkennbar an der Steilheit der Geraden.

Die Zeitpunkte, an denen die Hälfte der Basisinnovationen getätigt sind, sind äquidistant mit einer Differenz von etwa 55 Jahren. Das ist die Dauer, in der grundlegende wirtschaftliche Aufwärtsentwicklungen einander folgen. In der Wirtschaftswissenschaft nennt man sie *Kondratjew*-Zyklen.

Der Computer hat den Verlauf der Kapitalproduktion sowie des jeweils in Nutzung befindlichen Kapitals einer Wirtschaftsentwicklung über 200 Jahre errechnet. Es zeigen sich vier Maxima mit jeweils nachfolgenden steilen Einbrüchen — Depressionen — im Abstand von etwa 50 Jahren, genau der Theorie der Kondratjew-Zyklen der Wirtschaft entsprechend. Die tatsächlich erfaßbaren Zahlen der letzten 200 Jahre zeigen einen überraschend ähnlichen Verlauf.
Die Kapitalproduktion sowie das jeweilige Anlagekapital werden deshalb als entscheidende Meßgrößen benutzt, weil für jegliche Produktion — und sei es nur für die von Zahnstochern — zuerst eine Kapitalinvestition erforderlich ist, und weil sich das in Form von Werkzeugen, Maschinen und so weiter angelegte Kapital durch Verschleiß abnutzt, also durch neues Kapital ersetzt werden muß. Kapitalproduktion und Anlagekapital spiegeln deshalb den jeweiligen Zustand der Wirtschaft wider.

Abb. 5

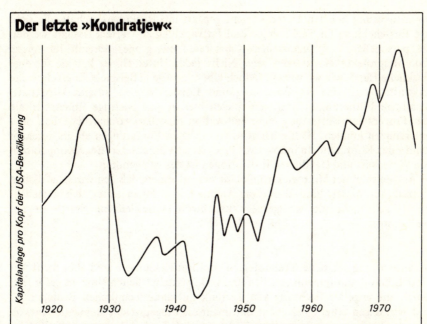

Der letzte »Kondratjew«

Diese Kurve ist nach den offiziellen Wirtschaftsstatistiken der USA seit 1920 gezeichnet. Sie zeigt den Verlauf der Kapitalanlage (in Dollar) pro Kopf. Auf das Maximum vor 1930 folgt ein tiefes Tal der Depression bis nach 1945, dann geht es zunehmend – wenn auch mit kleineren Schwankungen infolge kurzfristiger Rezessionen – aufwärts bis nach 1970. Fällt jetzt die Kurve wieder in ein Depressionstal? Der gesamte Verlauf zeigt jedenfalls eine typische „Lange Welle", einen Kondratjew-Zyklus, der bis auf Feinheiten wieder mit der Computerrechnung übereinstimmt.

Das letzte Bild (Abb. 5) zeigt einen in USA errechneten K-Zyklus, der mit dem aus statistischen Daten über die Kapitalanlage pro Kopf der Bevölkerung gut übereinstimmen soll (Forrester 1982: 100).

Soweit der Blick in gewisse Zusammenhänge unserer industriellen Welt.

In der heutigen Situation beobachten wir die Folge von Erfindung – Basisinnovation – Wirtschaftlicher Nutzung in gleicher Weise. Erfindungen, welche den nächsten Aufschwung bringen, sind schon getätigt. Welche Innovationen sich am Markt mit Erfolg behaupten werden, wissen wir heute nicht. Sie werden jedenfalls den nächsten Aufschwung tragen. So könnten die Magnet-Schwebe-Technik und/oder der Wasserstoffantrieb solche Innovationen sein. Andere könnten aus der Gen-Technologie oder der Mikrobiologie hervorgehen.

Wirtschaftliche Prosperität eines Landes hängt entscheidend davon ab, ob solche neuen Produkte aus diesem Lande hervorgehen. Hier liegt nun eine große

Verantwortung bei den Unternehmen, gepaart mit Risikobereitschaft, die richtige Entscheidung für Technologie und Entwicklung zu treffen. Deshalb werden die personellen und finanziellen Kapazitäten mit großer Sorgfalt für solche Zukunftsprojekte einzusetzen sein. Nicht jeder Unternehmer hat hierfür eine glückliche Hand, wie wir wissen. Jedoch gibt es genügend Beispiele für erfolgreiche Zukunftsinvestitionen in Forschung und Entwicklung in unserer Wirtschaft. Staatliche Förderungsmaßnahmen spielen hierbei eine wichtige Rolle, weil sie den Prozeß der Umsetzung einer Innovation in volkswirtschaftliche Faktoren unterstützen können. Häufig hängt es von solchen Förderungen ab, in welchem Land oder Kontinent ein innovatives Produkt sich durchsetzt. Enge Kooperation von Wirtschaft und staatlichen Institutionen ist deshalb geboten.

Am Beispiel der Mikroelektronik läßt sich erkennen, daß den wirtschaftlichen Nutzen aus dieser Basisinnovation Amerika und Japan unter sich aufteilen, Europa geht mehr oder weniger leer aus, obwohl es die gleichen „Startbedingungen" hatte.

4.
Verantwortung für neue Technologien und Entwicklungen wird aber nicht nur hinsichtlich des unternehmerischen und volkswirtschaftlichen Nutzens gefordert. Durch die enge Verflechtung von Technik mit außertechnischen Bedingungen und Wirkungen erhebt sich mehr und mehr die Frage, welche Innovationen wollen oder müssen wir vorantreiben, um den bedrängenden Herausforderungen der Zukunft in der Rohstoffversorgung, in der Ökologie und in der Welternährung begegnen zu können. Technik kann nicht mehr nur Selbstzweck sein wie in der Phase allgemeiner Fortschrittseuphorie. Vielmehr wächst das Bewußtsein für eine notwendig dienende Funktion der neuen Technikgeneration, mit der die großen Zukunftsprobleme gelöst werden müssen. Hier wird die Industrie ebenso in die Verantwortung genommen wie Forschungsinstitutionen, Hochschulen und die Träger des öffentlichen Lebens. Unter den strengen Bedingungen, die uns die Bewältigung der Zukunftsaufgaben stellt, wird Forschung und Entwicklung auch an ethischen Normen gemessen, die uns das außertechnische System zu beachten lehrt. Ich kann versichern, daß hierüber in der Wirtschaft mehr und mehr nachgedacht wird.

Literatur

Bonhoeffer, D.: Ethik. – Chr. Kaiser, München 1949.
Forrester, J.W.: Bild d. Wissenschaft, Heft 2 (1982).
Marchetti, C.: Die magische Entwicklungskurve. – Bild d. Wissenschaft, Heft 10 (1982).

Verantwortung des Wissenschaftlers in der physikalischen Grundlagenforschung

von Klaus MÖBIUS

Verantwortung in der Forschung — das ist für mich etwas ganz Konkretes, es ist vor allem: die Folgen bedenken für die Lebensqualität, für die Umwelt, und besonders: die Folgen bedenken für eine Vergrößerung der Kriegsgefahr.

Max Born, dessen 100. Geburtstages wir uns hier erinnern, gehörte seit 1955 zu den prominenten Warnern vor dem atomaren Wettrüsten der Großmächte. Er ließ keine Gelegenheit verstreichen, seine Einsicht zu verkünden, daß der Friede durch Abschreckung kein Friede mehr sei, sondern nur noch eine Bedrohung der gesamten Menschheit. In einem Brief an Otto Hahn (1.2.1955) schrieb Born, daß er glaube „... wir sollten doch nicht einfach untätig zusehen, wenn man sozusagen den Untergang der Zivilisation vorbereitet, und zwar mit Hilfe der Kräfte, die die Physik zur Verfügung gestellt hat. Ob man auf uns hört oder nicht, wir sollten uns von dem Wahnsinn und der Barbarei nicht nur fernhalten, sondern aufklären und warnen ..."

Denn wie wird das sein, ein moderner Krieg zwischen den Blöcken in Ost und West? Das wird entfesselte Großtechnologie sein, kaum begrenzbar, ohne Unterscheidung zwischen Front und Hinterland, für Mitteleuropa auf jeden Fall das Ende der Zeit. Im 1. Weltkrieg war die Gesamtzahl der Toten schätzungsweise 10 Millionen, davon 95% Soldaten und 5% Zivilisten. Im 2. Weltkrieg gab es über 50 Millionen Tote, davon 52% Soldaten und bereits 48% Zivilisten. Im Korea-Krieg, dem ersten militärischen Zusammenstoß der Ost-West-Blöcke, waren von den etwa 9 Millionen Toten bereits 84% Zivilisten gegenüber 16% Soldaten (Born 1965). Und beim Einsatz nuklearer Waffen wird diese Entwicklung zur „Zivilisierung" der Kriegsopfer mit Sicherheit auf die Spitze getrieben werden. Wer kann bei dieser Entwicklung noch argumentieren, daß der Einsatz nuklearer und anderer Massenvernichtungsmittel gerechtfertigt sei durch das Gut, das man verteidigen will: die „Freiheit", die „Heimat", den „Lebensstandard", die „Familie", wenn doch das verteidigungswürdige Gut dabei mit Sicherheit vernichtet wird?

Max Born hatte also sicher recht, wenn er seit 1955 beschwörende Appelle an die Öffentlichkeit richtete, daß es nichts Wichtigeres gäbe, als zur Verhütung des Krieges beizutragen, d.h. nach Wegen zur Kontrolle der entarteten Großtechnologie Rüstung zu suchen.

Seit 1955 weist die Großtechnologie Rüstung riesige Wachstumsraten auf, und wir müssen uns fragen, wer und was denn für ihr Wachstum sorgt, in Ost und in West? Es sind wohl, wie eh und je, Herrschaftsansprüche und Ideologien, jetzt konzentriert auf die beiden Machtblöcke, die zu den politischen Entscheidungen führen, die gewaltigen Kapitalmengen bereitzustellen für die Entwicklung immer neuer Massenvernichtungsmittel. Und es ist die wissenschaftlich-technische Intelligenz, allen voran die Physiker, die sich allzu bereitwillig für die Waffenentwicklung zur Verfügung stellen, fasziniert von den technischen Möglichkeiten einer im Gelde schwimmenden Großforschung.

Und damit bin ich bei meinem Thema der „Verantwortung des Wissenschaftlers in der physikalischen Grundlagenforschung". Ich will auf die Fragwürdigkeit hinweisen der üblicherweise vorgenommenen Entkoppelung von akzeptierter Grundlagenforschung und Anwendung ihrer Ergebnisse für die Entwicklung von Massenvernichtungsmitteln. Dabei werde ich Fragen stellen müssen zur „Freiheit der Forschung" und ihrer Auswirkung auf das öffentliche Wohl.

Gegenwärtig arbeiten weltweit etwa 500 000 Physiker, Chemiker und Ingenieure in der Waffenindustrie; rund 25 % der Beträge, die weltweit für Forschung und Entwicklung ausgegeben werden, fließen heute in die Militärforschung (Spiegel 1982). Speziell bei den Physikern schätzt man, daß jeder 2. Physiker mehr oder weniger direkt an der Entwicklung von Tötungsmaschinen beteiligt ist.

Es wäre sicher falsch und inquisitorisch, würde man jetzt pauschal die Physiker verteufeln, würde man sie allein für das Elend der Welt verantwortlich machen, hat doch der wissenschaftlich-technische Fortschritt durchaus auch seine positiven Aspekte.

Diese Ambivalenz der physikalischen Erkenntnisse zieht sich durch die ganze neuere Geschichte der zivilisierten Welt, im Atomzeitalter aber wird sie überdeutlich. Es ist eben richtig festzustellen, daß die Zahl der Physiker, deren tägliche Arbeit zur Mehrung der negativen Aspekte beiträgt, vergleichbar ist mit der Zahl, die an den positiven Aspekten arbeitet.

Wie ist das möglich? Sind die einen die guten Menschen unter den Physikern, die anderen die schlechten? Nein, so einfach ist das nicht, aber offensichtlich hat sich das Gefühl der Mitverantwortung für die Folgen der eigenen Forschung nicht im gleichen Tempo entwickelt wie die Forschung selbst. Der Grund dafür liegt m. E. in der wohlbehüteten Illusion der Wertneutralität der wissenschaftlichen Forschung.

Es gehört nach wie vor zur weithin akzeptierten Wissenschafts-Ideologie, daß die Naturwissenschaften einen Hort der reinen Ratio darstellen, wo wertfreier Erkenntnisdrang herrscht, wo eindeutige Kriterien – z.B. das physikalische Experiment – existieren zur Unterscheidung zwischen „richtigen" und „falschen" Erkenntnissen, wo gegenüber den Ergebnissen strikte „Wertneutralität" herrscht. Wissenschaftliche Erkenntnisse und mögliche Anwendungen – im Guten wie im Bösen – werden säuberlich getrennt, nicht nur personell und institutionell, sondern auch im Bewußtsein des Forschers. Dadurch gelingt es nur zu leicht, die

Naturwissenschaftler zu gefügigen Werkzeugen im Dienste übergeordneter Interessen werden zu lassen.

Meines Erachtens ist Naturwissenschaft heute nicht mehr losgelöst von gesellschaftlichen Aspekten zu betreiben. Es sind mächtige ökonomische und politische Interessen involviert, die eine Wertneutralität der Naturwissenschaftler ihren Resultaten gegenüber verhindern. Das gilt gleichermaßen für Grundlagenforschung und angewandte Forschung, denn beide Zweige sind heute – von ganz wenigen Ausnahmen abgesehen – nicht mehr voneinander entkoppelt.

Es ist darauf hingewiesen worden, daß Kosmologie möglicherweise die einzige Ausnahme bildet, und daß es vielleicht kein Zufall sei, daß die erste aller Wissenschaften, die Astronomie, auch die letzte ist, die „reine", d.h. ganz „kontemplative" Naturwissenschaft betreibt (Jonas 1981: 255).

Häufig gibt schon die Frage nach der Finanzierung aufwendiger Grundlagenforschung Antwort über Ausmaß und Ziel der Außensteuerung.

Die Illusion der Wertfreiheit trägt also bei zur Blindheit gegenüber der Ambivalenz, der Doppelwertigkeit des wissenschaftlich technischen Fortschritts. Zur Unterstützung dieser These möchte ich eine Autorität zitieren: Carl Friedrich von Weizsäcker hat dazu geschrieben (1977: 65): „Man kann die negative Seite dieser Ambivalenz ein gutes Stück weit erklären durch den illusionären Charakter der angeblichen Wertneutralität von Wissenschaft und Technik. Was sich selbst als neutral gegen bestehende Werte versteht, kann in jeden Dienst gestellt werden – und wird in dem Dienste wirken, der sein Wachstum faktisch ermöglicht hat; die Ideologie der Wertneutralität schafft eine künstlich behütete Blindheit gegen die eigenen Konsequenzen."

Um diese Blindheit zu überwinden, brauchen wir eine „ökologisch-reflektierende" Forschung (Gottstein 1979: 237), bei der der Naturwissenschaftler die Ideologie der Wertneutralität aufgibt zugunsten einer kritischen Analyse der möglichen Auswirkungen der Forschung auf die Lebensumwelt. Der ökologisch-reflektierende Forscher wird immer wieder prüfen, ob das im Prinzip „Machbare" auch das für die Gesellschaft „Wünschbare" ist. Und er wird mögliche Gegenmaßnahmen erwägen, sollte versucht werden, das „Machbare" auf Kosten der Lebensqualität durchzusetzen.

Ich weiß natürlich: Die „Freiheit der Forschung" nimmt in der Hochschätzung der Freiheit in der westlichen Welt einen besonderen Platz ein, denn die Ausübung dieses Freiheits-Rechtes hat zweifellos die enormen Fortschritte der Naturwissenschaften in den letzten 100 Jahren ermöglicht und die westliche Welt zu ihrer Sonderstellung in der Menschheit erhoben. Doch bei näherem Hinsehen erkennt man, daß die uneingeschränkte Befürwortung der Freiheit der Forschung eine – nicht uneigennützige – Illusion darstellt, die allzu leicht die mit der Freiheit unlösbar verbundene Verantwortung des Wissenschaftlers in den Hintergrund treten läßt. Denn die durch die Ausübung des Freiheits-Rechtes erlangte Sonderstellung der westlichen Welt ist ja nicht nur ideeller Art – z.B. in Form von Hochachtung und Bewunderung – sondern sie ist von ganz konkreter

Art auch eine Sonderstellung der äußeren Macht und des Besitzes. Und damit ist diese Sonderstellung sicher nicht erreicht worden, ohne in Konflikt mit anderen Rechtsgütern der verschiedenen Gesellschaften zu geraten.

Zusammengefaßt also lautet meine These:
Freiheit der Wissenschaft von weltanschaulichen, ideologischen und ökonomischen Zwängen: ja, ohne Einschränkung ja!
Aber:
Wertneutralität der Wissenschaft gegenüber ihren ökologisch-gesellschaftlichen Konsequenzen: nein, ohne Einschränkung nein!

Durch die Verkoppelung der Wissenschaft mit der Praxis des politischen Handelns gerät die Wissenschaft selbst unter die gleiche Herrschaft von Recht und Gesetz, von Verantwortung und Moral, der jedes Handeln in einem Gemeinwesen unterliegt.

Konkretisieren wir das doch ein wenig durch Beispiele aus neuester Zeit, die auf mögliche Zusammenhänge zwischen weithin akzeptierter Grundlagenforschung und Aufstockung der atomaren Schreckensarsenale – der Proliferation von Kernwaffen – hindeuten.

1. Auf die Gefahren einer horizontalen Proliferation durch die sogenannte friedliche Nutzung der Kernenergie wird immer eindringlicher hingewiesen. Wie ernst zu nehmen diese Gefahren sind, wurde kürzlich erneut deutlich, als die Londoner „Times" (1982) unter Berufung auf einen offiziellen Untersuchungsbericht enthüllte, daß während des vergangenen Jahres aus der britischen Wiederaufbereitungsanlage Windscale mehr als 10 kg Plutonium auf unerklärliche Weise verschwunden sind, mehr also, als zum Bau einer Atombombe erforderlich ist!

2. Die Laser-Isotopentrennung und die Spallations-Neutronenquelle sind weitere Beispiele für das Verwischen der Grenzen zwischen „reiner" Grundlagenforschung und großtechnischer Plutoniumproduktion. Der Einsatz der Laser-Isotopentrennung zur Gewinnung von isotopenreinem und damit besonders waffenfähigem Plutonium (Pu-239) aus abgebrannten Brennelementen zivil genutzter Kernkraftwerke – ein Rüstungsprojekt, über das vor einem Jahr eine Anhörung vor dem amerikanischen Repräsentantenhaus stattfand (U.S. House of Representatives 1981) – würde vollends die Schranke zwischen „atoms for peace" und „atoms for war" niederreißen und zweifellos zur horizontalen und vertikalen Proliferation beitragen.

Es muß die Frage gestellt werden, ob gleiche Proliferationsgefahren von den großen Spallations-Teilchenbeschleunigern und Fusionstechnologien drohen. Werden sie die Entwicklung neuer Kernwaffen erleichtern, weil mit ihnen Experimente, die zur Zeit nur mit unterirdischen Test-Kernexplosionen durchgeführt werden, im Laboratorium gemacht werden können?

Weltweit liefert die Grundlagenforschung in der Physik heute noch immer die Rechtfertigung für den Bau von hochintensiven Teilchenbeschleunigern, doch die Ambivalenz wird auch hier sichtbar. Weltweit werden riesige Summen in die

Fusionsforschung gesteckt mit der Rechtfertigung, man wolle das Energieproblem lösen. Doch werden auch Mikroexplosionsanlagen ein Ergebnis dieser Forschung sein! So hat denn auch z.B. Frankreich diese Forschungsrichtung kürzlich unter militärische Kontrolle genommen (Gsponer 1981: 552).

Werden die beteiligten Physiker verantwortungsbewußt genug sein und im Rausch dieser faszinierenden Forschung das öffentliche Wohl nicht vernachlässigen? Oder wird man eines Tages das berühmte Wort von Max Born (1965) anwenden müssen, mit dem er 1958 die Raumfahrt charakterisierte als einen „Triumph des Verstandes, aber ein tragisches Versagen der Vernunft"?

Was kann der Physiker tun, jetzt, zwischen Krieg und Frieden?

1. Erstens kann er — muß er — teilnehmen an der Aufklärung der Bürger über das weltweite Ausmaß des nuklearen Wettrüstens und über die wachsende Gefahr eines Atomkrieges. So haben kürzlich 22 Wissenschaftler, darunter 5 Nobelpreisträger, anläßlich der Halbjahrestagung der Europäischen Rektorenkonferenz in Hamburg in einem Appell betont (Tagesspiegel 1982), daß „die Hochschulen in der heutigen Situation eine besondere Verantwortung dafür trügen, daß die Kenntnisse über die Folgen eines Atomkrieges verbreitet und Studenten wie auch junge Wissenschaftler im Sinne des Friedens und der Völkerverständigung ausgebildet werden".

In diesem Sinne hat Max Born in einem Vortrag 1965 beklagt, daß er erst spät, nach Hiroshima, angefangen habe, sich klare Begriffe über den modernen Krieg zu bilden. Und er sagte weiter: „Sonst wäre das Bewußtsein der Verantwortung des Naturforschers wohl in meiner Lehrtätigkeit zum Ausdruck gekommen, und es hätten sich vielleicht nicht so viele meiner Schüler zur Mitarbeit an der Atombombe bereitgefunden".

2. Zweitens sollten die Physiker — wie auch die anderen Naturwissenschaftler — die Illusion der Wertneutralität der Forschung aufgeben zugunsten einer ökologisch-reflektierenden Forschung. Leisten wir uns den „Luxus des Gewissens" — so der Titel der Born-Franck-Ausstellung in Berlin — und unterwerfen auch die Forschung dem moralischen Kodex für das öffentliche Wohl, der — etwa in Anlehnung an den Hippokratischen Eid der Mediziner — die Naturwissenschaftler verpflichten müßte, sich nicht an der Entwicklung von Massenvernichtungswaffen zu beteiligen, der eine solche Beteiligung als sittlich verwerflich verurteilen würde.

Davon sind wir noch weit entfernt — es gibt sogar Stimmen, sehr ernst zu nehmende, wie z.B. Frank Barnaby, den Direktor des renommierten Stockholmer Internationalen Instituts für Friedensforschung (SIPRI), der die Hauptschuldigen an dem beängstigenden Rüstungswettlauf der letzten Jahre nicht so sehr bei den Politikern, Militärs und Industriellen sieht, als vielmehr bei den military scientists, die in ihrem unersättlichen Innovationstrieb die eigentlichen Motoren des nie endenden „Fortschritts" der Waffentechniken (Jungk 1981: 90) seien. Jede qualitative Verbesserung der militärischen Technologie dreht die Spirale der wechselseitigen Vorrüstung und Nachrüstung und macht damit einen Atomkrieg zunehmend wahrscheinlicher.

3. Und drittens gibt es da noch die Verweigerung!

Es gibt doch bereits das Recht auf Kriegsdienstverweigerung – leider nicht auf der östlichen Seite der Militärblöcke – warum sollte es eigentlich analog nicht ein Recht auf Verweigerung der Kriegsvorbereitung geben?

Physiker haben dafür einen Präzedenzfall geliefert – ich meine die Göttinger „Erklärung der 18 Atomwissenschaftler":

Vor genau 25 Jahren erklärten 18 prominente Atomwissenschaftler, darunter Max Born, Otto Hahn, Werner Heisenberg, Max von Laue, Carl Friedrich von Weizsäcker, daß sie eine atomare Bewaffnung der Bundeswehr für verhängnisvoll hielten, und sie erklärten, daß keiner von ihnen bereit wäre, sich an der Herstellung, der Erprobung oder dem Einsatz von Atomwaffen in irgendeiner Weise zu beteiligen.

Diese Erklärung fand eine starke öffentliche Reaktion, denn eine Verweigerung der wissenschaftlich-technischen Intelligenz muß jedes System tief beunruhigen.

Könnte es je zu einem weltweiten, die Grenzen der Machtblöcke überspringenden, Verweigerungs-Appell der Naturwissenschaftler kommen? Oder müssen wir resignieren und zugestehen, daß die meisten Physiker sich nicht wie die „Göttinger 18" verhalten, sondern mehr in der Tradition von Leonardo da Vinci leben. Er haßte den Krieg. Er nannte ihn „bestialischen Wahnsinn" – und diente ihm doch mit seinen Erfindungen.

Max Born jedenfalls wollte nicht resignieren. In einem Vortrag über „Die Hoffnung auf Einsicht aller Menschen in die Größe der atomaren Gefährdung" (Born 1965) sagte er über das Ausweichen der Physiker und anderer Wissenschaftler vor der Verantwortung: „... Wissen läßt sich nicht auslöschen, und die Technik hat ihre eigenen Gesetze. Aber das Ansehen, das ihr Wissen und Können ihnen (– den Naturwissenschaftlern –) gibt, können sie und sollten sie anwenden, um den Politikern den Rückweg zu Vernunft und Menschlichkeit zu weisen, wie es die „Göttinger 18" einmal versucht haben. Wir alle müssen kämpfen gegen offizielle Lügen und Übergriffe: gegen die Behauptung, es gäbe einen Schutz gegen Kernwaffen durch Bunker und Notverordnungen; kämpfen gegen die Unterdrückung derer, die die Bevölkerung hierüber aufklären; gegen engherzigen Nationalismus, Glorie, Großmannssucht; und vor allem gegen die Ideologien, die Unfehlbarkeit ihrer Lehre beanspruchen und die Welt in unversöhnliche Lager trennen...."

Max Born hat dies 1965 gesagt, doch es ist heute nicht minder aktuell. Nur hat seitdem die atomare Bedrohung noch 1000-fach zugenommen!

Literatur

Born, M.: Von der Verantwortung des Naturwissenschaftlers. – Nymphenburger Verlagshandlung, München 1965.
Gottstein, K.: Phys. Bl. **35** (1979).
Gsponer, A.: Scheidewege **11** (1981).

Jonas, H.: Scheidewege **11** (1981)
Jungk, R.: Bild d. Wissenschaft **11** (1981).
Der Spiegel, Nr. 18, 1982.
Der Tagesspiegel v. 23.11.1982.
Times v. 6.11.1982.
U.S. House of Representatives, Committee on Interior and Insular Affairs, Subcommittee on Oversight and Investigations, Anhörung 1.10.1981.
Weizsäcker, C.F. von: Der Garten des Menschlichen, Beiträge zur geschichtlichen Anthropologie. – Carl Hanser, München 1977.

Gedanken über die Verantwortung des Biologen

von W. HAUPT

Der Wissenschaftler hat zwar nicht grundsätzlich mehr Verantwortung für die menschliche Gesellschaft als seine Mitmenschen; doch sind die Schwerpunkte verschoben, entsprechend seinem Tätigkeitsfeld und seinem Wirkungskreis. Diese Schwerpunkte seiner Verantwortung betreffen sehr verschiedene Aspekte, wie im folgenden gezeigt werden soll, und sind überwiegend allen Wissenschaftlern gemeinsam. Doch gibt es für den Biologen auch fachspezifische Schwerpunkte der Verantwortung, die aus seiner Kompetenz für die Kenntnis von Lebensvorgängen und Lebensgesetzlichkeiten resultiert. Eine klare Trennung ist nicht immer möglich und wird auch im folgenden nicht angestrebt.

1. Wissenschaftliche Zuverlässigkeit

Eine ganz spezifische Verantwortung des Wissenschaftlers ist für manchen von uns so selbstverständlich, daß wir sie leicht übersehen. Sie wurde gestern von Herrn Cordes angesprochen, und Herr Mohr hat mehrfach sehr eingehend darauf hingewiesen: Die Verantwortung für die Richtigkeit der vom Wissenschaftler erhobenen Daten, für die Aussage über den Grad der Glaubwürdigkeit, für die Abgrenzung gesicherter Befunde von daraus abgeleiteten oder ihnen zugrunde liegenden Hypothesen. Dazu gehört auch ganz selbstverständlich, daß die Erhebung von Daten und ihre Interpretation nicht ideologisch beeinflußt werden darf.

2. Verantwortung gegenüber dem Leben

Der Biologe, der mit lebenden Systemen experimentiert, greift damit in das Leben ein und muß sich stets Rechenschaft darüber ablegen, was er verantworten darf. Hier kann u.a. an den Schutz des menschlichen Lebens vor den Folgen biologischer Forschung gedacht werden; die Selbstbeschränkung der Molekulargenetiker[1] gehört in diesen Bereich. Oder denken wir an die ethischen Forderun-

---

[1] Auf einer Sitzung in Californien (Asilomar Konferenz, 1975) haben sich namhafte Molekularbiologen verpflichtet, bestimmte genetische Experimente an Bakterien vorerst nicht durchzuführen, bis sich die Gefahr schädlicher Folgen für die Menschheit durch geeignete Sicherheitsmaßnahmen zuverlässig ausschließen läßt (vgl. Watson & Tooze 1981). Die anschließend erarbeiteten verschärften Sicherheitsmaßnahmen bei gentechnologischen Arbeiten werden vielerorts zur Auflage im Zusammenhang mit Forschungsfinanzierung gemacht.

gen des Tierschutzes („Bruder Tier"), und schließlich an den Schutz ganzer Populationen oder Ökosysteme (Verzicht auf Versuche mit bedrohten Arten). Die Verantwortung gegenüber dem Leben betrifft nicht nur die eigenen Aktivitäten des Wissenschaftlers, wie sich im nächsten Punkt zeigen wird.

3. Informationspflicht

Wissenschaftlicher Fortschritt ist potentiell stets ambivalent. Es liegt nur selten in der Macht des Entdeckers eines Naturgesetzes oder des Erfinders einer Technik, ob diese zum Nutzen oder zum Schaden der Menschheit angewendet wird. Doch hat der Wissenschaftler in seinem Fach in der Regel einen Informationsvorsprung, der ihn mögliche Gefahren früher und deutlicher erkennen läßt, als das seinen Mitmenschen möglich ist. Hier ist der Biologe zur Wachsamkeit aufgerufen, da die Aktivitäten der zivilisierten Menschheit in hohem Maße Folgen für die Biosphäre haben und damit auf eben diese Menschheit zurückwirken. Die Informationspflicht, die daraus für den verantwortungsbewußten Biologen erwächst, geht in verschiedene Richtungen:

a) Für den Hinweis auf Gefahren, die durch die biologische Forschung aufgedeckt werden, ist primär der Biologe zuständig.

b) Solche Hinweise und Warnungen sind speziell dann wichtig, wenn es sich um die Folge menschlicher Aktivitäten handelt (Beispiele: Verarmung des Genpools unserer Kulturpflanzen; Versteppung der Landschaft).

c) Besonders brisant wird die Problematik, wenn es sich nicht um unbeabsichtigte Folgen der Zivilisation, sondern um bewußten Mißbrauch biologischer Forschungsergebnisse handelt (Beispiel: Vorbereitung biologischer Kriegsführung).

d) In diese Kategorie gehört umgekehrt aber auch der Hinweis auf nicht genutztes Potential biologischer Erkenntnisse, der für die Menschheit bzw. für die Biosphäre von Bedeutung sein kann (Beispiel: Biologische Schädlingsbekämpfung).

Die Realisierung dieser Informationsverpflichtungen hängt ab von der Wahl des Adressatenkreises. Dieser ist vielfältig:

a) Die Information der Biologiestudenten und des wissenschaftlichen Nachwuchses gehört zu den Berufspflichten des Hochschullehrers; er sollte sie aber ganz selbstverständlich erweitern auf Biologielehrer und in der Praxis tätige Biologen (Fort- und Weiterbildung).

b) In vielen Fällen erscheint der Versuch dringend notwendig, darüber hinaus Kontakte zu den verantwortlichen Politikern zu suchen.

c) Schließlich kann auch die Verbesserung des Informationsstandes der allgemeinen Öffentlichkeit eine entscheidend wichtige Aufgabe des Wissenschaftlers sein.

Hier möchte ich besonders auf die Möglichkeit von Konfliktsituationen hinweisen, wenn es um die Information über noch nicht gesicherte Kenntnisse geht.

Beispiel: Eine Substanz, die im täglichen Leben eine große Rolle spielt (Nahrungsmittel, Kosmetikum, Medikament) gerät in den Verdacht, kanzerogen zu sein. Ist der Verdacht so begründet, daß die Mitmenschen schnellstmöglich (und entsprechend dringend) gewarnt werden müssen, oder steht der Verdacht auf so schwachen Füßen, daß die Information durch Beunruhigung der Bevölkerung mehr Schaden anrichten würde? Zwei konkrete Fälle mögen die unterschiedlichen Positionen verdeutlichen:

a) Wird das Waldsterben durch den sauren Regen verursacht? Die Wissenschaft ist sich über diese Frage noch nicht einig, der strenge Wissenschaftler möchte also noch abwarten, bis zuverlässige Klarheit erreicht wurde. Aber können wir uns überhaupt noch ein Abwarten leisten? Mit Sicherheit trägt der saure Regen erheblich zu den Umweltschäden bei, es müssen alle möglichen Maßnahmen ergriffen werden, selbst wenn sich später ein anderer Faktor für das Waldsterben als wichtiger erweisen sollte.

b) Vor einigen Jahren ging die Hypothese durch die Zeitungen, daß die Amalgamfüllungen der Zähne mitverantwortlich oder gar hauptverantwortlich seien für Parodontose. Die Hypothese konnte bald darauf widerrufen werden. Sie war noch so ungesichert, daß man zweckmäßigerweise breitere Bevölkerungsschichten nicht informiert hätte. Die Folgen hätten unabsehbar sein können. Die Verantwortung, in solchen Fällen eine Entscheidung zu treffen, kann zu einer schweren Bürde werden.

Ein spezielles Problem ist schließlich die Kompetenzgrenze des Wissenschaftlers, die im nächsten Punkt zu behandeln ist.

4. Kompetenz des Wissenschaftlers

Wenn immer ein Wissenschaftler sich in der Öffentlichkeit zu einem Problem äußert, so hat sein Wort in der Meinung der Mitmenschen ein erhöhtes Gewicht. Das kann leicht zum Mißbrauch führen, wenn sich der Wissenschaftler bei öffentlichen Meinungsäußerungen seiner Kompetenzgrenzen nicht bewußt ist. So kann der Biologe sich kompetent zu den biologischen Gefahren der Kernenergie äußern; für Fragen des hydrologischen Kreislaufs der radioaktiven Abfälle, für Zweifel an der Wirtschaftlichkeit von Atomstrom ist er nicht kompetent. Äußert er sich hierzu, so muß aller Welt deutlich gemacht werden, daß es sich um die Meinung des engagierten Bürgers handelt, aber ohne daß die Autorität eines Wissenschaftlers dahintersteht. Die gestern von Ministerpräsident Albrecht zitierten kontroversen Gutachten, von denen etwa hundert sich für, hundert gegen eine schwerwiegende Maßnahme aussprachen, mögen überwiegend auf der Nichtbeachtung dieser wichtigen Forderung beruhen. – Die sorgfältige Beachtung dieser Forderung bringt den Wissenschaftler leicht in den Ruf der Feigheit, sich verbindlich zu äußern. Es gehört mit zur Verantwortung des Wissenschaftlers, diesen Vorwurf auf sich zu nehmen.

5. Verantwortung des Hochschullehrers

Als Hochschullehrer hat der Wissenschaftler noch eine weitere große Verantwortung, die Sorge um den Nachwuchs: Einerseits Heranbildung eines Nachwuchses, der auch im Hinblick auf die oben genannten ethischen Werte geprägt wird, andererseits aber auch die Sorge für das Fortkommen dieses Nachwuchses, wobei dann nicht die Gewinnung „billiger Mitarbeiter" im Vordergrund stehen darf, sondern der erfolgversprechendste Weg für den betreffenden Studenten bzw. jungen Kollegen.

6. Ökonomie der Forschung

Fast jeder Wissenschaftler verwendet für seine Forschung öffentliche Mittel. Es liegt in seiner Verantwortung, diese Mittel bestmöglich zu verwenden. Dazu gehört eine ökonomische Forschungsplanung, die eine wirtschaftlich vertretbare Verwertung des Forschungspotentials gewährleistet. Dazu gehört die kontinuierliche Prüfung, ob die vorgesehenen Forschungsprojekte einen wissenschaftlichen Fortschritt erhoffen lassen, oder unter welchen Bedingungen reine Analogiearbeiten vertretbar sind. Insbesondere aber ist der Wissenschaftler für einen menschlich und wirtschaftlich sinnvollen Einsatz seines Mitarbeiterpotentials verantwortlich.

Am Beispiel des Biologen habe ich versucht anzudeuten, daß die Verantwortung eines Wissenschaftlers sehr vielschichtig sein kann. Wir sollten diese Aspekte ordnen, ergänzen und sie als Hochschullehrer unseren Studenten nahebringen. Dies könnte zugleich ein Gegenpol gegen realitätsferne sogenannte fortschrittliche Forderungen sein, die einen Wissenschaftler von vornherein auf eine einzige Verantwortung festlegen wollen: Das „Wohlergehen der Menschheit" oder die „Verbesserung ihrer Lebensbedingungen", ohne daß jemand eine allgemeingültige Definition von Wohlergehen oder Verbesserung der Lebensbedingungen geben kann.

Literatur

Watson, J.D. & Tooze, J.: The DNA Story. – Freeman & Co. 1981.

Einleitende Thesen zur Abschlußdiskussion

von W. LUCK

Die Menschheit hat in Gegenwart der ABC-Waffen die Verantwortung für ihre eigene Existenz übernommen, mit der Veränderung ihrer Lebensbedingungen hat sie die Verantwortung für ihre eigene Evolution und mit der Umweltgefährdung auch für die Erhaltung der Natur übernommen.

Verantwortung, als richtiges Handeln bei durch eigenes Tun auftretenden Problemen, setzt Fragen voraus, die man beantworten, die man abwägend entscheiden muß. Mit näherem Wissen treten Fragen häufiger auf, mit dem Umfang der Konsequenzen eigenen Tuns steigt die Verantwortung. Die in der Technik genutzte wissenschaftliche Erkenntnis liefert mit „technischen Sklaven" der Menschheit große Machtmittel. Beim Einsatz dieser „Sklaven" und mit ihrer Schaffung ist die Verantwortung bedeutungsvoller geworden. Wissenschaftler und Techniker tragen besondere Verantwortung, weil sie mehr wissen, also vor mehr Fragen stehen und weil häufig nur sie Folgen abwägen können.

Für die Naturwissenschaftler entstand eine neue Situation. Im Galilei-Prozeß wurde festgelegt – und dies blieb Tradition bis 1945 –: Naturwissenschaftler haben sich nicht um die gesellschaftlichen Konsequenzen ihrer Arbeit zu kümmern (Gerlach 1970).

Die Forderung zur Beschränkung der Wissenschaft auf Tatsachen durch Comtes Positivismus oder Webers Forderung (Weber 1968), „Politik gehört nicht in den Hörsaal", waren weitere Stufen, die die Trennung von Meinen und Wissen zur Voraussetzung der Wissenschaft machten. Die Technisierung der Waffentechnik im 2. Weltkrieg induzierte die Besinnung der Wissenschaftler zur Mitverantwortung. An der Entwicklung dieser Besinnung hatte Max Born maßgeblichen Anteil.

Die Empfehlung des Gaskrieges durch den späteren Nobelpreisträger Fritz Haber kritisierte Born (1966) mit den Worten: „Es handelt sich nicht darum, ob Gasgranaten im 1. Weltkrieg unmenschlicher seien als Sprenggranaten, sondern darum, ob Gift, das seit undenklichen Zeiten als Mittel des feigen Mordes galt, als Kriegswaffe zulässig sei, weil ohne Grenze des Erlaubten alles erlaubt sein würde."

Born, 1915–1918 als Offizier in der Artillerieforschung tätig, dachte ähnlich wie Leonardo da Vinci, der zwar seine Dienste als Waffen- und Festungsbauer anbot, in dessen nachgelassenen Schriften aber auf der Zeichnung eines U-Bootes die Bemerkung gefunden wurde: „Ich veröffentliche und verbreite es nicht wegen der bösen Natur des Menschen, sie würden Meuchelmorde auf dem Meeresgrund praktizieren durch Aufreißen der Schiffe von unten ..."

Es gab „ethische Grundsätze, die sich im Laufe der Geschichte entwickelt und ein lebenswertes Leben gesichert haben, selbst in Zeitabschnitten wilder Kämpfe und weiträumiger Zerstörung ..." (Born 1966).

Mit dem Gaskrieg begann die Auflösung dieser Ethik; die Bombardierung ziviler Städte im 2. Weltkrieg setzte diese Entwicklung fort. Für Born (1966) fiel damit „wiederum ein moralisches Bollwerk gegen die Barbarei ...". Den totalen Bombenkrieg hatte der wissenschaftliche Berater Churchills Lindemann empfohlen, der sich damit gegen die Meinung der Militärs durchsetzte. Die mehr als Hunderttausend an einem falschen Rat gestorbenen Bombentote Dresdens starben ein zweites Mal vergeblich, weil kaum einer daraus lernte, nur dort mitzureden, wo man Kenntnisse hat. Der Physikochemiker Lindemann war kein Fachmann in psychologischer Kriegsführung. Konzentration der Bombenteppiche auf militärische oder industrielle Ziele anstelle der Angriffe auf die Zivilbevölkerung hätten den Krieg eher beendet.

Auch der Wissenschaftler sollte unterscheiden zwischen Empfehlungen, die er als Fachmann gibt, und denen, die er als Bürger gibt, und dies auch nach außen hin deutlich machen.

Im dritten Schritt haben nach Born (1966) „die nuklearen Waffen ... diese Entwicklung auf die Spitze getrieben und jedem sichtbar gemacht. ... moderne Waffen lassen keinen Raum für irgendwelche sittlich begründete Einschränkungen und degradieren den Soldaten zu einem technischen Mörder." Die Toten Hiroshimas schreckten Wissenschaftler wie Born auf: *„ob der erfolgreiche Forscher immer nur sachverständiger Handlanger bleiben oder an wichtigen Entscheidungen verantwortungsvoll teilnehmen soll?"*

„Die eindrucksvollen Erfolge der Technik verleihen der unansehnlichen Minderheit der Naturforscher ... eine entscheidende Stellung in der Gesellschaft" (Born 1966). Born fürchtete jedoch, daß die Naturwissenschaftler ihre Grenzen nicht erkennen würden. Hierfür ist Lindemann ein Beispiel. In den Bombennächten Dresdens starben mehr Menschen als in Hiroshima. Hiroshima löste einen Schock aus, der half, Wissenschaftler mehr an ihre Verantwortlichkeit zu erinnern.

Es sollte jeder soweit Verantwortung ausüben, als seinem Urteilsvermögen entspricht. Die Grenze der Verantwortbarkeit wird dort überschritten, wo das Wissen nicht ausreicht. Das Streben nach Mitbestimmung schließt also die Mühe um Wissensvergrößerung und Erkenntnis ein. In der Reihenfolge:

1. Erhöhung des Wissens – das schließt in der technisierten Zeit ein hohes Maß an naturwissenschaftlicher Bildung ein –
2. Motivierung zur Verantwortlichkeit und als
3. Stufe die Mitbestimmung.

Hiroshima löste die Forderung nach Mitverantwortung der Wissenschaftler aus; Dresden sollte zum Mahnmal werden nur dort mitzureden, nur dort mitbestimmen zu wollen, wo Sachkenntnisse vorhanden sind. Das gilt auch für einige Umweltaktivisten.

Wir brauchen heute mehr Verantwortung bei Ausübung der Umweltverantwortung

Lösung der neu aufgekommenen Umweltprobleme erfordert Abwägen und Entscheiden zwischen ambivalenten Folgen, selten sind puristische Forderungen im Interesse der Gesellschaft. Wie bei allen Problemen mit Konsequenzen für die Menschheit sollten sich die Wissenschaftler bemühen, Entscheidungskriterien bereit zu stellen, sich aber vor emotionalen Betonungen von vermeintlichen Patentlösungen – womöglich gar mit Gewalt – zu hüten. Zur Entscheidung gehört meist verantwortliches Abwägen, dies sollte nicht durch vorgefaßte Meinungen behindert werden.

Man erinnere sich daran, daß Galileis Widerruf ganz im Sinne des Zeitgeistes war (Gerlach 1970). Ein Wissenschaftler muß in neuen – vielleicht nur von ihm voraussehbaren – Situationen frei von Modeströmungen entscheiden können.

Neben Fehlermöglichkeiten, daß Naturwissenschaftler außerhalb ihres Sektors ihre Methodik im Denken falsch anwenden könnten, fürchtete Max Born (1966), daß „die andere gebildete Minderheit ... Juristen, Theologen, Historiker und Philosophen ... mit rein humanistischer Bildung kaum irgendeine Ahnung hätten von naturwissenschaftlichen Tatsachen. In der Politik braucht man Leute, welche menschliche Erfahrung und Interesse an menschlichen Beziehungen mit einer Kenntnis der Naturwissenschaften und Technik in sich vereinigen."

Die in geisteswissenschaftlichen Fakultäten entstandene Studentenrevolution der 60er Jahre beruhte auch darauf, daß viele Studenten in ihren Fächern sich zu wenig mit aktuellen Fragen konfrontiert fühlten. Doch nach der dann durch Politiker durchgeführten Hochschulreform erfolgten anstelle einer intensiveren Aufarbeitung der naturwissenschaftlich-technischen Fortschritte Angriffe auf die Naturwissenschaften und Technik, und ihre negativen Aspekte werden tendenziell überbetont.

Die durch die Übervölkerung aufgetretenen Probleme können wir nur durch die Technik und nicht gegen sie lösen. Diese Aussage wird in Zukunft noch verstärkt gelten. Wir brauchen also Kooperation aller Bevölkerungsteile und beider Kulturen, der naturwissenschaftlich-technischen und der geisteswissenschaftlichen, um miteinander Lösungen zu suchen.

Hierbei müssen die Wissenschaftler sich mehr durchsetzen. Eine Demokratie funktioniert auf Dauer nur dann, wenn sich das Wissen durchsetzt. Zu schnell wurde vergessen, daß der Schrecken der Naziherrschaft auch darin lag, daß sie in der Führung eine Herrschaft von Dilettanten war. Die Intellektuellen sollten daraus lernen, sich mehr Gehör zu verschaffen. Aktivisten sollten vorsichtiger werden: mehr auf Wissende zu hören.

Wie kann man Verantwortungsbewußtsein und verantwortliches Handeln fördern?

Leonardos Methode des Verschweigens neuer Ideen, die mißbraucht werden können, erscheint heute nicht mehr aussichtsreich. In der Zeit der Massenforschung hat selten einer nicht von anderen schnell einholbare Vorsprünge. Entdeckungen liegen häufig in der Luft. Was einer verschweigen würde, würde bald der nächste finden. In der politisch dualistisch gespaltenen Welt könnte Verschweigen wichtiger Erkenntnisse auf der einen Seite und geheime Arbeit daran auf der anderen das Gleichgewicht der Kräfte in Gefahr bringen.

Daher meine These: *Verschweigen ist heute kein Weg, die Menschheit vor gefährlichen Entdeckungen zu schützen!*

Norbert Wiener, einer der Begründer der Kybernetik, vertrat dagegen den aussichtsreicheren Standpunkt: „Ich konnte vom Rücken des Tigers nicht herunter, also blieb mir nichts weiter übrig, als ihn zu reiten. Ich meinte daher, daß ich von größter Geheimhaltung zu größter Publizität umschwenken und auf alle Möglichkeiten und Gefahren der neuen Entwicklung aufmerksam machen müsse." (Wiener 1965)

Jeder Wissenschaftler sollte mit demselben Eifer, mit dem er seiner Forschung nachgeht, mithelfen, über gesellschaftliche Konsequenzen mit nachzudenken.

Gruppenbildung

Der Mensch als soziales Wesen paßt sich in der Regel Gruppengewohnheiten an. Daher scheint die Idee des Emigranten Viktor Paschkis aussichtsreich zu sein: das Gruppenbewußtsein der Wissenschaftler durch Gründung einer Society for Social Responsibility in Science (SSRS) zu beeinflussen (vgl. hierzu Luck 1976). Paschkis verlangte von den SSRS-Mitgliedern die schriftliche Verpflichtung, *nichts gegen ihr Gewissen zu tun*; wobei er im Sinne einer selbst zu entscheidenden Verantwortung es jedem selbst überließ, was er unter gutem Gewissen versteht. Einstein (Luck 1976) und Born traten öffentlich für die SSRS ein und traten ihr bei. Born betonte als ihr Ziel: Fragen der sozialen Verantwortung der Naturwissenschaftler in Diskussionen zu klären (Born 1966). Als die Gesellschaft für Verantwortung in der Wissenschaft (GVW) im deutschen Sprachraum gerade diesen Punkt aufgriff, durch Tagungen in geduldiger Kleinarbeit diesen Standpunkt voranzutreiben, schrieb mir Max Born: „Ich freue mich über die Gründung. Ich wünsche Ihnen Glück, daß es Ihnen gelungen ist."

Auf ähnlichen Linien liegen die zahlreichen Vorschläge für einen Hippokratischen Eid für Naturwissenschaftler (Luck 1976). Gewiß sind feierliche Gelöbnisse nur noch wenig zeitgemäß. Jedoch können derartige Formulierungen bei der Ausbildung des eigenen Gewissens helfen zu erkennen, was richtig und was falsch ist.

Freihalten der Lehre von Verantwortungsmeinungen
Die wissenschaftliche Lehre darf die Grenze zwischen Wissen und Meinen nicht aufweichen. So unbeliebt es klingen mag: die Frage der Verantwortung der Wissenschaftler, die sich bisher im wesentlichen auf der Ebene von Meinungen bewegt, darf für diese Forderung keine Ausnahme sein. Man denke an Galileis Irrtum, sich dem Zeitgeist zu unterwerfen. Galilei dürfte auch im Vertrauen auf die Bedeutung der kirchlichen Aufgaben widerrufen haben (Gerlach 1970). Die im Hessischen Hochschulgesetz § 3 verankerte Verpflichtung der Hochschulen, „die Studenten auf die Verantwortung in der Gesellschaft vorzubereiten", darf höchstens durch Vorbild realisiert werden, aber nicht durch Aufnahme derartiger Fragen in einen Wissenskanon. Diese Forderung führt direkt zur Verpflichtung, sich auf anderen Ebenen um so intensiver mit dem Problem der Verantwortung der Wissenschaftler zu befassen.

Max Born hat sehr klar beschrieben (vgl. Born 1965, Luck 1976), wie die Objektivierung der Naturwissenschaften auf ihrer experimentellen Kontrolle beruht mit einem unstrittigen Paarvergleich zwischen Beobachtungsgrößen und standardisierten und geeichten Meßskalen. Für Verantwortungsfragen fehlen derartige klar geeichte Maßstäbe. Der Fortschritt der Naturwissenschaften – auch auf dem Wege zur dritten neutralen Kraft im dualistischen Prinzip politischer Meinungen – setzte voraus, daß sie sich von ihr fremden Maßstäben löst, insbesondere religiöser oder weltanschaulicher Art.

Unsere Forderung gilt verstärkt, seit die wichtigen Umweltfragen teilweise in die Hände von politisierten Fanatikern geraten sind. Als Beispiel sei genannt, daß Funktionäre der allerdings aus recht heterogenen Anhängern bestehenden Partei der „Grünen" echte Umweltsorgen ganz in den Hintergrund drängen und sich auf einseitige militärische Forderungen konzentrieren (Kelly 1982). Man kann auch die Warnung des sowjetischen Professors Woslenskij (1976) nicht vergessen: „So wird z.B. jede kleinste progressive Gruppe, angefangen von dem linken Flügel der Jusos, in der Bundesrepublik von der Sowjetunion und der DDR unterstützt", zumal er sich auf maßgebende sowjetische Quellen bezieht (Salagdin 1973).

Es war schlimm genug, daß vor 10 Jahren über die Hochschulreform manche Hochschullehrer aufgenommen wurden, die sich dem Primat der Politik verpflichtet haben und auch ihre Lehre dazu mißbrauchen. Wir verlören auch gegen diesen Mißbrauch der Hochschulen an Argumenten, wenn wir nicht sehr sorgfältig alles Meinen von der Lehre fernhalten.

Gemeinschaftskunde in den Schulen

Vor allem sollten wir unsere Probleme in der Schule diskutieren, insbesondere im Fach Gemeinschafts- bzw. Gesellschaftskunde. An ihm sollten auch naturwissenschaftliche Lehrer beteiligt werden. Sie sollten z.B. *darstellen, daß alle Menschen zu einer Schicksalsgemeinschaft geworden sind.* Die Zunahme des Kohlendioxidgehaltes der Erdatmosphäre durch Verbrennung fossiler Energieträger oder durch das Abbrennen tropischer Wälder sowie der Nachweis radioaktiver Abfälle aus früheren Atombombenversuchen und von DDT in allen Lebewesen sind eindringliche Beispiele dafür, wie heute alle Menschen in der Übervölkerung der Erde an Folgen ihrer Aktivitäten mittragen müssen (Luck 1976).

Auch ein besseres Technikverständnis sollte an den Schulen gelehrt werden (Anonymus 1982). Auch sollte im Geschichtsunterricht auf die primitive Dummheit Hitlers hingewiesen werden, wie er über das Ackerland der Sowjetunion deutschen Wirtschaftsraum vergrößern wollte, während dieser längst durch Industrietätigkeit bestimmt wird.

Wir *müssen heute an einer Weltkultur arbeiten. Der Fortschritt der Wissenschaft kann nicht aufgehalten werden.* Er gehört zu den großartigsten Leistungen innerhalb der kulturellen Evolution des Menschen. *Unsere gegenwärtige Aufgabe ist es, ihn mit der zweiten Großtat, der Entwicklung des Altruismus, zu vereinen.*

Die Entwicklung der politischen Systeme hat mit der Wissenschaft nicht Schritt gehalten. Die Überwindung des Lokalpatriotismus von früheren Volksstämmen, dann der Stadtstaaten und in diesem Jahrhundert des Nationalismus sind richtige Wege zur Menschheit als Ganzes. Gegenwärtig stehen wir vor dem Dualismus Ost-West als letztem Hindernis auf diesem Wege. Ich, der ich beides kenne, sehe im Weltkommunismus keine Lösung und in seiner Haltung gegen Individualismus und Nichtachtung des persönlichen Glückes einen Rückschritt um Jahrzehnte oder Jahrhunderte.

Die Kooperation aller Menschen

Die fehlenden Maßstäbe zur Beurteilung der Verantwortung könnten wir dadurch kompensieren, daß wir, ähnlich wie beim Aufbau der Physik, uns auf drei Grundaxiome einigen (Luck 1976):
1. *Eine stabile moderne Gesellschaft erfordert Kooperation aller Menschen. Ziel der Kooperation ist der Fortbestand und das Wohlergehen der Menschheit.*
2. *Die Kooperation muß Freiheiten lassen für ein gesundes Gleichgewicht zwischen den sozialen und den selbstbehauptenden, egoistischen Trieben des Menschen.*
3. *Actio gleich Reactio – der Mensch kann in der übervölkerten Welt nicht mehr beliebig auf die Ökologie der Natur einwirken, ohne daß diese auf ihn fühlbar zurückwirkt.*

Was kann der einzelne tun?

Neben der Steuerung im eigenen Berufsleben in kleinen Schritten sollte jeder durch nebenamtliche Tätigkeiten — im Elternbeirat, im Gemeinderat oder in Verbänden etc. — an positiven Zielen mitarbeiten und sein Wissen der Allgemeinheit zur Verfügung stellen. Bereits mit einem Leserbrief kann man schon positiv wirken oder negative Entwicklungen aufzuhalten versuchen.

Verantwortung für die Wissenschaft

Aus der Erkenntnis, daß wir die Probleme der übervölkerten Welt nur mit der auf naturwissenschaftlicher Erkenntnis aufbauenden Industrie lösen können, ergibt sich zwangsweise auch eine *Verantwortung für die Optimierung der Wissenschaft*. Hierzu gehören:

1. *Streben des einzelnen Wissenschaftlers*, die ihm gebotenen Möglichkeiten und anvertrauten Steuergelder voll und effektiv zu nutzen, hierzu gehört seine absolute intellektuelle Redlichkeit; er darf keinesfalls der Versuchung erliegen, eigene Erfolge auf Kosten von Kollegen oder Mitarbeitern zu erreichen.

2. *Optimale Organisationsstrukturen wissenschaftlicher Einrichtungen*. Die von Unwissenden durchgeführte Hochschulreform war ein Fehlgriff, die die Forschung in unserem Lande unnötig erschwert und damit unsere Konkurrenz auf dem Weltmarkt, − von dem wir, wie kein anderer, leben − ernsthaft gefährden kann. Ein Rätesystem der Exekutive an den Hochschulen darf nicht mit Demokratisierung verwechselt werden, die sich nur für die Legislative bewährt hat.

3. *Größte Vorsicht bei Forschungsplanungen durch Nicht-Fachleute*. Planer sind selten kreativer als die Summe der Wissenschaftler, die verplant werden sollen. Bedeutende Entdeckungen sind meist unerwartet und werden höchstens *trotz*, aber nicht *wegen* Planung erhalten. Man studiere die Vorgeschichte wichtiger Entdeckungen an Hochschulen oder in der Industrie. Man unterscheide auch schärfer zwischen Forschung und Entwicklung, nur letztere kann geplant werden. Leider unterscheidet die deutsche Sprache zu wenig: research und development.

Zwei falsche Gegenwartsstandpunkte

1. Die Menschheit darf nicht zu sehr dualistisch denken. Das dualistische Denken mag durch religiöse Denkkategorien von gut und böse vorbereitet sein. Auch das politische Parteiensystem leidet unter dieser Neigung zur versimplifizierenden Dualität. In der kulturellen Evolution des Menschen hatten die Gruppen häufig Vorteile, die sich vor einem Feind zu gemeinsamen Handlungen zusammenschlossen. Daher neigt der Mensch heute beinahe instinktiv dazu, sich mit dem Auslösen diffamierender Aggression durch Demagogen leicht zu unlogischen Handlungen verführen zu lassen. Leider hat man es bisher versäumt, aus der Hitlerzeit entsprechende Lehren zu ziehen, wie wir unser Handeln davon befreien können. (Man vergleiche die diesbezüglichen Arbeiten des vorjährigen Max-Born-Medaillen-Trägers Hassenstein) (1973 und 1978).

2. Seit der Studentenrevolte der 60er Jahre sind viele von der Weltanschauung überzeugt: „alles was neu ist, ist a priori besser." Unter diesem Motto wurden damals Reformen übereilt. „Wir schneiden die alten Zöpfe ab." Dies Wort genügte zur Begründung, bewährte Erfahrungen über Bord zu werfen. Der Ursprung dieses Glaubens an das Neue als Wert an sich ist darin zu suchen, daß neue Industriegüter auf dem Markt meistens besser sind als ihre Vorgänger. Man sollte aber

wissen, daß in den Industrielabors die alte Regel gültig ist: „Was gut ist, ist meistens nicht neu; was neu ist, ist meistens nicht gut." Die Industrie lebt davon, daß sie mit großem Aufwand und Geduld nach den wenigen Ausnahmen von dieser Regel sucht und nur diese auf den Markt bringt. In der Farbenforschung werden im Mittel 400 Farbstoffe erdacht, synthetisiert und kompliziert geprüft, ehe ein verkaufsfähiger neuer gefunden ist; in der Pharmaforschung rechnet man sogar mit der Verlustquote 10 000 : 1 zwischen erprobten und auf den Markt gebrachten Produkten. Fortschritt sollte nur auf Erfahrung versucht werden, die reine Ideologie von der a priori-Richtigkeit des Neuen kann allerhöchstens zu Spiralbewegungen führen, die immer wieder rückwärts führen und im günstigen Fall einen kleinen Vorwärtsgang haben.

Die beiden genannten Irrtümer sind zu erkennen, wenn wir die gegenwärtigen Probleme lösen wollen.

Optimismus für die Zukunft

Auch den lähmenden Kulturpessimismus der Gegenwart müssen wir ablegen.

Eine Menschheit, die es geschafft hat, frei zu werden von täglichen Sorgen und Nöten, wird auch die neuen Probleme bewältigen können. Voraussetzung ist allerdings, mit Mut und Selbstbewußtsein zuzupacken.

Blicken wir zurück auf die kurze Geschichte der GVW: Seit ihren Anfängen 1963/65 hat sich das Bewußtsein notwendiger Umwelthygiene schneller durchgesetzt als damals erwartet werden konnte. Das gibt Anlaß zu Optimismus.

Denken wir an Borns Empfehlung (Born 1966): *„Wir müssen hoffen. Es gibt zweierlei Arten von Hoffnung. Wenn man auf gutes Wetter hofft oder auf einen Gewinn in der Lotterie, so hat die Hoffnung keinerlei Einfluß auf das, was geschieht ... aber im Zusammenleben der Menschen, besonders in der Politik, ist die Hoffnung die bewegende Kraft."*

Literatur

Anonymus: Der naturwissenschaftliche Unterricht im technischen Zeitalter. — Tagungsbericht der gemeinsamen Tagung: GVW, Pädagog. Zentrum und Rabanus Maurus Akademie, Fulda März 1982, zu beziehen durch Rab. Maurus Akademie, Frankfurt 1'.
Born, M.: Phys. Bl., **21**, 53, 106 (1965).
— Physik im Wandel meiner Zeit. — Vieweg, Braunschweig 1966.
Gerlach, W.: Intern. Dialog Zeitschr. 3, 6 (1970).
Hassenstein, B.: Verhaltensbiologie des Kindes. — R. Piper & Co., München 1973.
Hassenstein, B. & H.: Was Kindern zusteht. — R. Piper & Co., München 1978.
Kelly, P.: Interview im „Heute Journal" am 27.9.1982.
Luck, W.A.P.: Homo Investigans. — Steinkopff Taschenbuch Nr. 8, Darmstadt 1976.

Salagdin, M.: Die kommunistische Weltbewegung — Abriß der Strategie. — Dietz Verlag, Leipzig oder Verlag Marxistische Blätter, Frankfurt 1973.
Weber, M.: Wissenschaft als Beruf. 1919; s. Max Weber: Soziologie, Weltgeschichte, Analysen, Politik. — Kröner, Stuttgart 1968.
Wiener, N.: Mathematik mein Leben. — Frankfurt/M. 1965.
Woslenskij: Mitteilungen der Humboldt-Gesellschaft, Folge 10, 343 (1976).

Evolution, Ökologie und die Verantwortung des Menschen

von Hans-Joachim ELSTER

Im folgenden Vortrag möchte ich versuchen, die Frage nach Wesen und Aufgabe des Menschen zur Diskussion zu stellen und weiterhin zu fragen, was wir verantworten können, dürfen und müssen. Ich möchte diese Probleme von verschiedenen Aspekten aus beleuchten: Von der naturwissenschaftlichen, religiösen, ökologischen und ethischen Sicht. Dabei müssen scheinbar kontroverse Ansichten diskutiert werden, und ich bitte Sie um Nachsicht und Geduld, wenn ich dabei Ihre persönlichen Überzeugungen und Gefühle streifen oder gar verletzen sollte, aber ich hoffe, zum Schluß zeigen zu können, daß nicht die differenzierende Analyse − so notwendig sie auch ist −, sondern nur die einigende Synthese uns Hoffnung und Weg zu einer Überlebensstrategie und wirklicher Verantwortung zeigen kann.

I. Die Evolution und die Rolle des Menschen

Im 100. Todesjahr von Charles Darwin ist die Diskussion um die Evolutionstheorie und die ihr zugrunde liegenden Gesetzmäßigkeiten stark intensiviert worden. Den Standpunkt der Biologen hat H. Markl (1982/83) mit folgenden Worten charakterisiert: „Es ist heute sicheres Wissen der Biologie, daß die Theorie der genetischen Abstammungsverwandtschaft aller Lebewesen und der natürlichen Entstehung neuer, angepaßter Arten aus andersartigen Vorfahren in kontinuierlicher Stammesgeschichte die einfache und widerspruchsfreie Erklärung aller heute angetroffenen Lebewesen ist".

Darwins Erklärung für die Ursachen der Entstehung neuer und angepaßter Arten, seine Theorie der natürlichen Selektion, beruht auf 3 Tatsachen, die empirisch überprüfbar sind:

1. Die Erblichkeit von Merkmalen;
2. die Variation der Nachkommen (durch Mutation);
3. die *Konkurrenz*, da alle Organismen mehr Nachkommen erzeugen können, als Eltern vorhanden sind, das heißt, sie sind zu exponentieller Vermehrung fähig. Da aber nie alle lebensnotwendigen Ressourcen, − vor allem die Nahrung −, auf Dauer unbegrenzt sind, müssen die Lebewesen immer um knappe Güter konkurrieren und sind außerdem dem ständigen Druck durch Freßfeinde und

Parasiten sowie der Bedrohung durch wechselnde ungünstige Umweltbedingungen ausgesetzt.

Aus 1—3 folgt, daß jene Individuen, die in der Konkurrenz um die knappen Ressourcen, in der Vermeidung oder Überwindung von Feinden und Parasiten und in der Anpassung an alle anderen Lebensbedingungen am erfolgreichsten sind, einen höheren Fortpflanzungserfolg als ihre Konkurrenten haben und ihre Erbanlagen in größerer Häufigkeit (als diese) an die nächste Generation weitergeben. Daher nimmt der relative Anteil der Gene, denen die erfolgreicheren Organismen diese bessere Leistung verdanken, am Genbestand der gesamten Population von Generation zu Generation zu. Diesen Prozeß nennt man „natürliche Selektion".

Es besteht kein Zweifel unter den Biologen, daß auch der Mensch aus diesem Evolutionsgeschehen hervorgegangen ist, das schließlich in der kulturellen Evolution des Menschen seine Fortsetzung gefunden hat.

Die wichtigsten Ereignisse der mehrere Millionen Jahre zurückreichenden Evolution des Hominidenastes und bis zum ersten Auftreten des Homo erectus vor etwa 1,9 Millionen und des Homo sapiens vor mindestens 200—250 000 Jahren hat u.a. Osche (1979) kurz und allgemeinverständlich zusammengefaßt. Dort finden sich auch weitere Literaturangaben.

Die Frage, welche Bedeutung die Evolution des Menschen unter den oben angedeuteten Selektions- bzw. „Fitneß"-Prinzipien für die kulturelle Evolution und das zukünftige Schicksal der Menschheit hat, soll uns später beschäftigen.

Zunächst wollen wir uns der Frage zuwenden, inwieweit uns die Evolutionstheorie überhaupt einem Verständnis der realen Welt und unserer Existenz oder gar Aufgabe näher bringt, bzw. wo ihre Grenzen liegen.

Eine Vielzahl von philosophischen, religiösen und populären Vorstellungen betrachten die Evolution des Kosmos und des Lebens als einen zielgerichteten Prozeß, der beim Menschen und der Menschheit endete, weil er dort enden *sollte*. Hier liegt also die Hypothese zugrunde, daß die Evolution durch die gleichen Prinzipien erklärt werden könne, die wir im bewußten finalen subjektiven Handeln der Menschen zu erleben glauben. Teilhard de Chardin sei hier als ein vielzitierter Vertreter dieses Deutungsversuches genannt.

Auf der anderen Seite sei Jaques Monod als Repräsentant einer modernen naturwissenschaftlichen Denkrichtung zitiert, die er für das Produkt einer auf dem Objektivitätspostulat gegründeten Wissenschaft hält. Sie basiert auf der Tatsache, daß die Mutationen, welche die Voraussetzung für jede Selektion bilden, auf elementaren Ereignissen im submikroskopischen Bereich der Erbsubstanz beruhen, die „zufällig" und ohne jede Beziehung zu den Auswirkungen sind, die sie in der teleonomischen Selektion, das heißt für die „Fitneß" des Organismus, auslösen können. Bewährt sich ein solcher nicht voraussagbarer „Zufall" einer Mutation aber in der Konkurrenz der nicht oder anders mutierten Populationsmitglieder, so wird er durch die auf der makroskopischen Ebene der Organismen arbeitende Selektion „mit Notwendigkeit" d.h. gesetzmäßig, vervielfältigt und durch verstärkte Vermehrung auf Millionen oder Milliarden Exemplare übertragen.

Die Evolution sei also eine Folge von „Zufall und Notwendigkeit". Monod folgert daraus für den Menschen (1971: 211): „Wenn er diese Botschaft in ihrer vollen Bedeutung aufnimmt, dann muß der Mensch endlich aus seinem tausendjährigen Traum erwachen und seine totale Verlassenheit, seine radikale Fremdheit erkennen. Er weiß nun, daß er seinen Platz wie ein Zigeuner des Universums hat, das für seine Musik taub ist und gleichgültig gegen seine Hoffnungen, Leiden oder Verbrechen".

Hier wird nun offenbar die Grenze der Naturwissenschaft überschritten, indem der „Zufall" = „Sinnlosigkeit", bzw. als „absolute blinde Freiheit", gesetzt wird und die seine Auswirkungen steuernden Gesetzmäßigkeiten unterschätzt werden. Was aber wissen wir tatsächlich vom „Zufall"?

„Zufall" bedeutet (nach Wahrig, Deutsches Wörterbuch) „das Eintreten oder Zusammentreffen von Ereignissen, das nach menschlicher Voraussicht nicht zu erwarten war". Zufall ist also nicht mit „akausal" identisch, denn die fehlende Voraussagbarkeit kann auf unvollkommener Kenntnis der wirkenden Faktoren, wie beim Würfel-, Roulette- oder Lotteriespiel, oder auch auf den Grenzen unserer Meßmöglichkeiten, wie bei der Heisenberg'schen Unschärferelation im atomaren Bereich, beruhen. Wo Zufälle statistische Berechnungen zulassen, ist Akausalität unwahrscheinlich, wir wissen nur über die Ursachen der einzelnen Ereignisse zu wenig. Auch das Zusammentreffen, bzw. die Überschneidung zweier voneinander völlig unabhängiger Kausalketten, z.B. das Herabfallen eines Dachziegels auf den Kopf eines Passanten, enthält keine akausalen Komponenten, doch erscheinen uns solche Ereignisse je nach individueller Ansicht als „sinnlos" oder „Schicksal", weil wir infolge der evolutionär bedingten Begrenzung unseres Erkenntnisapparates Kausalketten nur auf kurze Strecken und ihre Vernetzung durch Wechselwirkungen in ihrer Gesamtheit überhaupt nicht zu überblicken vermögen.

Wenn ein fundamentales Axiom der Naturwissenschaft, das schon von Kant formulierte Kausalitätsprinzip: „Jede Veränderung setzt eine Ursache voraus, auf die sie nach einer Regel erfolgt", in Zeit und Raum unbegrenzt gültig ist, dann müssen seit dem rätselhaften „Urknall", der den Beginn der uns erkennbaren Welt markieren soll, alle Veränderungen kausal, d.h. determiniert verlaufen sein, wenn auch in für uns völlig unübersehbarer Fülle, Vernetzung und Komplexität! Dann aber müßte sich der Kosmos gesetzmäßig aus seinen Anfangsbedingungen bis heute entwickelt haben.

Gewiß stellen die Erfolge der Naturwissenschaft eine ständige Bestätigung des Kausalitätsprinzips dar, aber wo wir die kausalen Zusammenhänge nicht mehr übersehen, ist jede Aussage eine Überschreitung der Grenzen der Naturwissenschaft, wenn wir nicht auch schon unkontrollierte und unkontrollierbare Hypothesen als „Wissen(-schaft)" bezeichnen wollen.[1]

„Zufall" ist also stets eine Lücke in unserem Wissen!

---

[1] Eine genauere Unterscheidung von „Wissenschaft" als Prozeß und als „gesicherter Besitz von Wissen" ist notwendig!

Popper (u.a. 1979, Popper & Eccles 1982) hat bekanntlich 3 Welten unterschieden: Welt 1 ist die reale, d.h. wirkliche Welt außerhalb unseres Bewußtseins. Welt 2 ist die Welt, wie sie uns Menschen im „naiven Realismus" erscheint, und Welt 3 umfaßt die geistige Welt der Menschheit, u.a. unsere wissenschaftlichen Weltmodelle, mit denen wir unsere Welt 2 mit der Welt 1 in möglichst nahe Übereinstimmung zu bringen suchen. Daß dies überhaupt möglich ist, d.h. daß wir in unserem Gehirn Denk- und Vorstellungsfähigkeiten haben, die auf die reale Welt 1 passen und uns sogar in gewissem Rahmen Prognosen zukünftiger Ereignisse gestatten, ist ein Resultat der Evolution, d.h. einer Jahrmillionen dauernden Auseinandersetzung mit der menschlichen „Umwelt" unter dem Gesichtspunkt der natürlichen Selektion, die alle lebensbedrohenden „falschen" Funktionen schnell ausschaltete und nur die wenigstens partiell mit den Realkategorien übereinstimmenden Erkenntniskategorien begünstigte, die schließlich dem Menschen die Möglichkeit des finalen Handelns und der Beherrschung seiner Umwelt eröffnete.

3 Grenzen sind dabei zu beachten:
1. Unsere Evolution spielte sich in der Umwelt der menschlichen Vorfahren und der frühen Menschheit ab, weshalb unser Erkenntnisvermögen primär auf diese Welt der menschlichen (sogenannten „mittleren") Dimensionen bezogen und an diesen sozusagen geeicht ist. Jede Extrapolation von diesen mittleren Dimensionen auf sehr viel kleinere oder sehr viel größere muß durch „objektive" Erfahrungen und verifizierbare oder falsifizierbare Hypothesen und Theorien sanktioniert werden. Wir wissen nicht, welchen Ausschnitt, quantitativ und qualitativ, aus der realen Welt unser Erkenntnisvermögen umfaßt – er mag im Verhältnis zur gesamten Wirklichkeit ähnlich beschränkt sein wie die „Umwelt" (im Sinne Jakob von Uexkülls) eines Regenwurmes im Vergleich zur „Umwelt" eines Menschen. Die „Antinomien der reinen Vernunft" (Kant), d.h. die Unmöglichkeit, uns die Unendlichkeit in Raum und Zeit „vorzustellen", bzw. zu „begreifen", weisen uns auf die Grenzen unserer „Umwelt" hin!
2. Die Evolution des Menschen zu finalem Denken und Handeln ist Schicksal, nicht „Schuld" des Menschen. Ob damit eine Aufgabe und „Verpflichtung" innerhalb und außerhalb naturwissenschaftlicher Kategorien verbunden ist, werden wir später erörtern.
3. Selbst wenn bewiesen wäre, daß der gesamte für uns erkennbare Kosmos denselben Realkategorien gehorcht, denen unsere Erkenntniskategorien entsprechen, und wenn die von Heisenberg und anderen Physikern gesuchte Weltformel, die alles Geschehen im Kosmos auf ein mathematisch formulierbares Universalgesetz zurückführt, gefunden wäre, so würde diese „Weltformel" doch nur den äußeren Ablauf der Ereignisse beschreiben, doch nicht ihr inneres Wesen und ihren „Sinn" erfassen können. Diese „hinter" oder „in" den physischen Ereignissen, d.h. „metaphysischen" von uns gesuchten, vermuteten oder erhofften Wesenheiten kann uns keine „Wissenschaft" erklären oder offenbaren, und sie hat diese Fragen daher mit Recht aus ihrem Aktionsbereich ausgeschlossen, ohne

jedoch das Recht zu haben, das Vorhandensein dieser unserem Verstand unzugänglichen „metaphysischen" Wesenheiten zu leugnen. Auch die ganz offenbar aus unserer finalen Denk- und Handlungsweise abgeleitete Frage nach dem „Sinn", d.h. nach dem Ziel des kosmischen Evolutionsprozesses, liegt außerhalb des methodisch begrenzten Rahmens der „objektiven" (Natur-)Wissenschaft im Sinne von „Science".

Daraus folgt aber: Die Wissenschaft hat dem Menschen zwar schicksalhaft die Möglichkeit einer Beherrschung dieser Erde im Rahmen der uns bekannten Naturgesetze gegeben, aber sie gibt uns keine Antwort, wenn wir nach Sinn und Ziel der Evolution und unserer Rolle in ihr fragen. Sowohl die oben zitierte Aussage Monods wie auch die Konzeptionen von Laplace, Bergson, Engels, Teilhard de Chardin, Illies, der Vitalisten und „Animisten" (im Sinne von Monod 1971: 43) überschreiten die Aussagemöglichkeiten der (Natur-)Wissenschaft. Sie sind daher subjektive Glaubens-Bekenntnisse. Die Naturwissenschaft löst die Welträtsel nicht, sondern offenbart sie!

Wir sind zwar überzeugt, ein schicksalhaftes Produkt der Evolution zu sein, aber wir wissen nicht, ob wir das Endziel, d.h. die Krone einer als Schöpfung gedeuteten Entwicklung sind, oder ein blinder Ast am biologischen Stammbaum, wie es schon so viele gegeben hat, oder ob wir gar dazu auserstehen und schicksalhaft dazu verdammt sind, mit uns die ganze Biosphäre auf dieser Erde auszulöschen oder in völlig neue Bahnen zu lenken. Und angesichts dieser offenen Fragen scheinen wir auch keine praktischen Verhaltensregeln aus unserer biologischen Evolution ableiten zu können.

Doch ehe wir dieser Frage etwas genauer nachgehen wollen, müssen wir zunächst prüfen, ob uns noch andere Erkenntnisquellen für Wahrheit, d.h. für die Übereinstimmung oder wenigstens Harmonisierung unserer Vorstellungen mit der Wirklichkeit, und für einen Kompaß unserer Ziele und Handlungen zur Verfügung stehen.

II. Besitzen wir andere Erkenntnisquellen? Religion und Ethik

Das bohrende Fragen über die Grenzen unseres Wissens hinaus und das unbefriedigende Gefühl über die offenbar prinzipielle Unvollständigkeit unserer Erkenntnismöglichkeiten hat die Menschen, darunter auch viele bedeutende Denker, zu der Annahme verleitet, wir könnten intuitiv und außerhalb unserer Denk-Kategorien etwas vom Wesen, Sinn und Ziel unserer Welt und unserer Person erfassen und erleben.

Lassen wir zunächst den Künstler außer acht; denn sein künstlerisches Empfinden unterliegt prinzipiell nicht dem Wahrheitskriterium, sondern beruht primär auf persönlichen Empfindungen, die nach künstlerischem Ausdruck drängen ohne Rücksicht darauf, wodurch sie entstanden oder beeinflußt wurden. Das Kunstwerk kann zwar zur Symbolisierung von Ideen und Empfindungen dienen und entweder nur den Künstler befriedigen oder aber als Kommunikationsmittel ähnliche Empfindungen in anderen Menschen anregen, es kann jedoch kein Beweismittel für die Wahrheit, sondern nur ein Symbol für eine z.B. religiöse Empfindung oder Idee sein. Dennoch vermag die Kunst, z.B. die Musik, in uns Empfindungen zu wecken, die wir mit Worten schwer oder wiederum nur symbolisch beschreiben können.

Nicht zufällig haben viele der bedeutendsten Künstler ihre Anregungen aus dem religiösen Feld geschöpft und Religion als zentralen Bezugsbereich ihres künstlerischen Schaffens empfunden: Sowohl Kunst wie Religion haben ihre Wurzeln jenseits der Grenzen von Denken und Wissen, jedoch treten die meisten *religiösen* Ideen und Systeme mit anderem Anspruch auf, nämlich, im Bereich der „absoluten Wahrheit" zu sein.

Schon die vergleichende Religionsgeschichte zeigt die Relativität dieses „Wahrheits"anspruches: Nach von Glasenapp (1963: 9) bildet der Hindukusch die große „Wasserscheide" der Religionsgeschichte der Menschheit: Die östlich des Hindukusch entstandenen großen Religionen (Hinduismus, Buddhismus, Chinesischer Universismus) lassen sich als „Religionen des ewigen Weltgesetzes" charakterisieren, weil nach ihnen die Welt ewig, d.h. ohne ersten Anfang und ohne definitives Ende ist, sondern sich unaufhörlich im Wechsel von Entstehen und Vergehen erneuert. Alles Geschehen in ihr wird von einer ihr immanenten Gesetzlichkeit bedingt, und es ist von sekundärer Bedeutung, ob ein unpersönliches Weltgesetz oder eine über und in der Welt waltende Gottheit das höchste Prinzip alles Werdens ist.

Die westlichen Religionen (z.B. Judaismus, Christentum und Islam) dagegen sind Religionen der „geschichtlichen Gottesoffenbarung", denen zufolge ein von der Welt verschiedener und ihr unendlich überlegener persönlicher Gott den gesamten Kosmos aus dem Nichts erschaffen hat und alles autonom mit unbeschränkter Machtvollkommenheit gemäß seinem unerforschlichen Ratschluß nach einem festen Plan regiert. Dieser Kosmos wird am „Jüngsten Tag" ein Ende finden, und zwischen Weltschöpfung und Weltende verläuft einmalig und unwiederholbar der historische Prozeß der Weltgeschichte, und das Schicksal jedes einzelnen Menschen in der auf das Weltende folgenden Ewigkeit ist abhängig von seinen irdischen Taten.

Die vielen äußerst interessanten Differenzen der Grundaussagen und Einzelheiten dieser hier grob skizzierten Gegensätze in den einzelnen östlichen und westlichen Religionen und im Verlaufe ihrer Geschichte können uns hier nicht beschäftigen, aber für unsere Frage nach der Aufgabe des Menschen auf unserer Erde und nach einem Kompaß für unsere Handlungen möchte ich folgende Gedanken äußern:

1. Es bestätigt sich die aus der antiken sowie aus der modernen kritischen Philosophie längst bekannte Tatsache, daß die „absolute Wahrheit" = Übereinstimmung mit der Wirklichkeit im transzendenten, d.h. metaphysischen und religiösen Bereich, uns Menschen nicht zugänglich ist. Alle religiösen Inhalte und Glaubensvorstellungen sind Symbole im Rahmen des menschlichen Vorstellungsvermögens für das, was über unser Wissen hinaus geht. Je stärker religiöse Inhalte

dogmatisiert und reglementiert werden, um so „wahrheitsferner" dürften sie werden. Doch fördern Dogmen und Rituale den Zusammenhalt einer religiösen Gemeinschaft und das Gefühl der Geborgenheit des einzelnen in ihr.

2. Wir sind nicht *genetisch* als Christen, Mohammedaner, Buddhisten usw. geboren, sondern durch unsere *Umgebung* dazu *erzogen* und von früher Jugend an *geprägt*, so daß ein bestimmter Glaube von vielen Menschen als ihre innerste, ihnen heilige Überzeugung empfunden wird, in der Geschichte bis hin zum Fanatismus und aggressiver Feindschaft gegen Andersgläubige, oft unter Mißachtung der eigenen religiösen ethischen Gebote.

Andererseits lebt die Mehrzahl der Menschen in einem dem normalen „naiven Realismus" ähnlichen „naiven religiösen Realismus", was in beiden Fällen — im physischen wie im metaphysischen Bereich — unbeschadet der erkenntnistheoretischen Kritik eine Orientierung im praktischen Leben ermöglicht. Doch an den fließenden Übergängen zwischen Wissen (im Bereich unsicherer Hypothesen) und Glauben muß eine kritische Überprüfung der betroffenen Ansichten zu einer fruchtbaren Evolution von Glaubens- und Wissens-Inhalten und zur Auflösung von Widersprüchen zwischen ihnen führen.

3. Vergleichen wir die verschiedenen Religionen nach den von ihnen erhobenen ethischen Forderungen und Werten (Mensching 1941: 95), so finden wir unbeschadet aller Verschiedenheiten und Nuancierungen überall soziale Grundwerte, die das Verhältnis der in der Gemeinschaft lebenden Menschen zueinander und zu ihrem Besitz ordnen. Solche sozialen Ethiken können auch außerhalb der Religionen als reine Gemeinschaftsethiken entstanden sein, wie bei den Germanen. Auf die Bedeutung dieser sozialen Grundwerte und speziell auf die uns besonders interessierende christliche Ethik komme ich im Kapitel über die Verantwortung des Menschen nochmals zurück.

III. Ökologie- und Atom-Krise. Der Weg in die Katastrophe?

Zunächst aber müssen wir uns fragen, welche Wirkungen die Evolution des Menschen — unabhängig von aller Theorie — in der Praxis für die gesamte Biosphäre unseres „Raumschiffes Erde" bisher gehabt hat.

Die gesamte biologische Evolution hat sich in kybernetischen Bahnen abgespielt, d.h. als ein kompliziertes System mit unzählig vielen Regelkreisen, die alle miteinander in Wechselwirkung stehen und durch das Prinzip der Rückkoppelung seit Milliarden von Jahren jede lebende Zelle, jeden Organismus, jedes Ökosystem und die gesamte Biosphäre in einem Fließgleichgewicht erhalten haben, welches wir ungeachtet aller vorübergehenden Fluktuationen und evolutionärer Tendenzen als „biologisches Gleichgewicht" bezeichnen, in welchem jede Organismenart infolge ihrer genetischen Konstitution eine bestimmte Funktion hat. Und nur durch dies System vernetzter Regelkreise ist die biologische Evolution als Ersatz des bisher Guten durch das neue Bessere unter definitiven Bedingungen erst möglich, aber zugleich im Rahmen gehalten worden. Aus diesem ökologischen Rahmen scheint der Mensch mit hyperbolisch wachsender Beschleunigung ausgebrochen zu sein oder glaubt, ihn überwinden und beherrschen zu können.

Durch die Entwicklung eines finalen modellhaften Denkvermögens und durch Probieren, bzw. Erproben konnte der Mensch „Erfindungen" machen und diese – vor allem nach Ausbildung des Sprachvermögens – an seine Mitmenschen und die folgenden Generationen weitergeben. So fand in der sogenannten „kulturellen Evolution" auf geistigem Gebiet eine „Vererbung erworbener Eigenschaften" statt, welche bekanntlich in der in erster Linie konservativen, d.h. arterhaltenden, biologisch-genetischen Vererbung unmöglich ist, weshalb die genetische Evolution um viele Größenordnungen langsamer und anders verläuft als die final gesteuerte kulturelle Evolution. Daher ist die „kulturelle" Evolution noch auf jener genetischen Grundlage aufgebaut und teilweise von ihr gesteuert, welche unsere Vorfahren als Horden- und Sippenmitglieder, als Sammler und Jäger nach einer Jahrmillionen dauernden Evolution schicksalhaft besaßen.

Finales Denken und Handeln, Werkzeuggebrauch und immer effektivere Produkte seiner Technik haben es dem Menschen ermöglicht, die Umwelt seinen Bedürfnissen anzupassen, im Gegensatz zu den übrigen Organismen, welche die Evolution den Bedingungen der Umwelt angepaßt hat. Der Mensch lernte vor ca. 500 000 Jahren die Beherrschung des Feuers, vor ca. 11 000 Jahren die Züchtung von Nutzpflanzen und Haustieren und hat damit in die biologische Evolution von Mitgliedern seines Lebensraumes eingegriffen (Osche 1979).

Heute findet man außer in völlig unfruchtbaren oder schwer zugänglichen Gegenden überall sogenannte Kulturlandschaften, in deren Organismenbestand der Mensch nach dem Kriterium „nützlich" oder „schädlich" eingreift und so als „überorganischer Faktor" (Thienemann 1956) die natürliche Selektion verändert hat.

Die Dominanz des Menschen in der Biosphäre, das dadurch und durch die Ergebnisse der Medizin begünstigte gewaltige Anwachsen seiner Bevölkerungszahl und eine mit ungeheurem Energieumsatz und -verbrauch arbeitende Industrie haben nun eine von den Ökologen längst erkannte, aber erst durch die Weltmodelle des Club of Rome und durch die Tätigkeit der UNO-Organisationen auch in der breiteren Öffentlichkeit bekannt gemachte ökologische Weltkrise hervorgerufen, weil die ökologischen Regelkreise durchbrochen wurden.

Unter Ökologie verstehe ich hier die Wissenschaft *von* und das Schicksal *der* gesamten Biosphäre mit Einschluß des Menschen, seiner materiellen und psychischen Bedürfnisse und seiner sozialen Strukturen (als wichtigsten Teil seiner „Umwelt").

Einen Einblick in das Ausmaß dieser Krise mögen einige kurze Auszüge aus den Ergebnissen der amerikanischen Studie „Global 2000" (1980) vermitteln, die auch die Ergebnisse früherer Weltmodelle kritisch berücksichtigt hat.

Die Autoren schreiben (S. 19/20), „daß die ökologischen Belastungen des menschlichen Lebens auf der Erde schon heute so stark sind, daß ihretwegen vielen Millionen Menschen die Befriedigung ihrer Grundbedürfnisse nach Nahrungsmitteln, Wohnraum, Gesundheit und Arbeit und jede Hoffnung auf eine Besserung versagt sind".

Nach der WHO-Statistik sterben in der „Dritten Welt" täglich 40 000 Kinder unter 5 Jahren, pro Jahr 15 Millionen, durch Hunger und ungenügende Hygiene (UNESCO-Kurier 1982, Heft 8/9: 29). Auch die Überlebenden erleiden zum großen Teil physische und geistige Dauerschäden durch chronischen Eiweißmangel, während wir in den westlichen Industriestaaten an Überernährung sterben! Für die nächsten 20 Jahre bis zum Jahr 2000 ergeben sich nach „Global 2000" folgende Trends: Die Weltbevölkerung wird von 4 Milliarden 1975 auf 6,35 Milliarden im Jahr 2000 anwachsen, also um über 50 %. 90 % dieses Wachstums entfallen auf die ärmsten Länder der Erde.

Die Nahrungsproduktion auf der Erde wird sich zwischen den Jahren 1970 und 2000 höchstens um 90 % steigern = 15 % pro Kopf. Die Realpreise für Nahrungsmittel werden sich gleichzeitig etwa verdoppeln. Die schon heute reichen Länder werden den Hauptteil der Produktionssteigerung verbrauchen, während der Pro-Kopf-Verbrauch in den unterentwickelten Ländern sich kaum erhöhen oder sogar unter das heute schon unzureichende Niveau sinken wird.

Das anbaufähige Land wird sich nur um maximal 4 % vergrößern, so daß mehr Nahrungsmittel nur durch intensivere Bewirtschaftung zu erzielen sind. Die dazu nötigen Chemikalien und Energiemengen sind stark abhängig von Erdöl und Erdgas.

Der Bedarf an Brennholz, auf das $\frac{1}{4}$ der Menschen angewiesen ist, wird noch vor der Jahrhundertwende die verfügbaren Vorräte um 25 % übersteigen.

Die heute überwiegend als Primärenergie verwendeten Öl- und Erdgasreserven werden bei weiter steigendem Verbrauchstrend nach Mesarovič & Pestel (1974) nur noch für wenige Jahrzehnte und selbst bei Erschließung bisher nur vermuteter weiterer Reserven unter starker Steigerung der Erschließungskosten nur etwa 50 Jahre reichen. Nur die Kohlenvorräte reichen wesentlich länger, und das Uran nur bei Einsatz des „Schnellen Brüters", der durch die Plutonium 239-Produktion und die dadurch bedingten toxischen und Mißbrauchs-Gefahren unübersehbare Probleme aufwirft. Das extrem toxische und zur Herstellung von Atombomben geeignete Plutonium 239 hat eine Halbwertszeit von 24 000 Jahren!

Der Wasserbedarf wird sich von 1970 bis 2000 verdoppeln, regionale Engpässe werden verstärkt, zumal die Entwaldung die Wasserversorgung durch Klima-Änderung unberechenbar macht.

Die Waldflächen auf der Erde nehmen zur Zeit jährlich um 18–20 Millionen ha ab, besonders in den tropischen Regenwäldern. Bis zum Jahr 2000 dürften ca. 40 % der heutigen Wald-Decke in den ärmsten Ländern, besonders in den Tropen, verschwunden sein, während die Wälder in den Industrieländern durch Vernichtung ihrer ökologischen Lebensbedingungen in einem erschreckenden und noch nicht überschaubaren Ausmaß gefährdet sind.

Durch Erosion, Bodenverschlechterungen und Ausbreitung von Wüstenflächen findet weltweit eine ernsthafte Verschlechterung der landwirtschaftlichen Nutzflächen statt, welche die vorhin angedeuteten Steigerungsmöglichkeiten der Nahrungsproduktion fraglich macht.

Steigende Konzentrationen von CO_2 und von O_3-abbauenden Chemikalien in der Atmosphäre drohen das Klima der Erde bis zum Jahre 2050 entscheidend zu verändern. Saurer Regen durch Abgase fossiler Brennstoffe bedroht Binnengewässer, Böden, Wälder und Ernten. Das Waldsterben schreitet auch in der Bundesrepublik mit wachsender Geschwindigkeit fort und betrifft Nadel- und Laubbäume. Im Schwarzwald ist der gesamte über 70 Jahre alte Hochwald vom Tode bedroht!

Radioaktive und andere Schadstoffe werfen zunehmende Gesundheits- und Sicherheitsprobleme auf.

Ohne drastische Senkung des Anwachsens der Weltbevölkerung werden im Jahr 2030 etwa 10, gegen Ende des nächsten Jahrhunderts ca. 30 Milliarden Menschen die Erde bevölkern, womit die äußerste Belastbarkeit der gesamten Erde nach den Schätzungen der amerikanischen National Academy of Sciences erreicht wäre. Allerdings werden schon vorher Hungertote und ökologische und politische Katastrophen bzw. Kriege zunehmend die Wachstumsrate bremsen, wenn nicht drastische Gegenmaßnahmen ergriffen werden.

Dabei sind alle diese Prognosen noch relativ optimistisch, da die vielen Lücken in den Basisdaten und Unsicherheiten in der wechselseitigen Vernetzung der Einzelfaktoren die Möglichkeit offen lassen, daß noch weitere erschwerende Faktoren wirksam werden könnten. Auch technische Innovationen können wegen des begrenzten Raumes unserer Erde nur beschränkt helfen.

Globale energische Gegenmaßnahmen sind technisch möglich, aber sie sind ein weltpolitisches Problem! Zwar bildet der Mensch populationsgenetisch heute nur eine einzige, wenn auch in Rassen aufgegliederte Art, aber durch die „kulturelle" Evolution hat (analog zur biologischen Evolution) eine „Pseudospeziation" mit der Tendenz zur gegenseitigen Absonderung durch unterschiedliche Sprachen, Sitten und Stammeszeichen stattgefunden, die sowohl Altruismus *innerhalb* der Gruppen als auch Gruppen-Egoismus und Gruppenhaß *zwischen* den Gruppen hervorgerufen hat. Gruppen*egoismus* und mangelnde Einsicht haben bisher sowohl auf nationaler als auch erst recht auf internationaler Ebene die erforderlichen Gegenmaßnahmen gegen die begonnene ökologische und soziale Katastrophe gehemmt oder gänzlich verhindert, und die Gruppen*feindschaft* hat in ständig steigendem Maße Erfindergeist, Technik und Energieverbrauch für kriegerische Zwecke beansprucht bis hin zu den Massenvernichtungsmitteln und schließlich zur Atombombe.

Während, wie erwähnt, in den sogenannten „Entwicklungsländern" täglich 40 000 Kinder = 15 Millionen pro Jahr durch Hunger und mangelnde hygienische Einrichtungen sterben, erreichten die weltweiten Wehrausgaben 1980 die Summe von 500 Milliarden Dollar = 110 Dollar pro Kopf der Weltbevölkerung! (UNESCO-Kurier 1982, Heft 3: 23).

Jonathan Schell hat in seinem Buch „Das Schicksal der Erde, Gefahr und Folgen eines Atomkrieges" (deutsche Übersetzung 1982 im Verlag Piper) die Ergebnisse der umfangreichen Erfahrungs- und Forschungsberichte amerikanischer und japanischer Behörden, Forschergruppen, Symposien und der U.S. National Academy of Sciences zusammengefaßt und zu Ende gedacht. Man muß dieses Buch selbst gelesen haben, um die gegenwärtige Bedrohung der gesamten Menschheit und der Biosphäre erfassen zu können. Nur ein Teil der heute auf mindestens 15 000—20 000 geschätzten vorhandenen Atomsprengköpfe mit einer insgesamt 1,6millionenfachen Sprengkraft der Hiroshima-Bombe könnte die gesamte Menschheit in kürzester Zeit vernichten und die Natur als Lebensraum zerstören. Schon ein 1000-Megatonnen-(TNT)-Angriff (von 20 000 Megatonnen-Bestand!) würde überall in den USA (außer Alaska und Hawaii) einen Strahlungspegel von mehr als 10 000 rem erzeugen, der nur für manche Insektenarten und einige Gräser innerhalb, für alle bisher geprüften übrigen Pflanzen und Tiere einschließlich des Menschen aber weit oberhalb der tödlichen Toleranzgrenze liegt, abgesehen davon, daß die Hitzewellen $\frac{3}{4}$ des Landes in Sekundenschnelle auf Entflammungstemperaturen bringen würden. Weit weniger als 100 Megatonnen würden ausreichen, um die meisten europäischen Länder zu vernichten. Die globalen ökologischen Folgen eines Atomkrieges durch radioaktive Strahlung, Verseuchung von Atmosphäre, Boden und Wasser, sowie durch die Zerstörung des Ozonschildes, der uns vor tödlicher UV-Strahlung schützt, seien hier nur angedeutet.

Ein populärer „Bestseller" mit so brisantem Thema wird in Zukunft sicher manche Kritik erfahren, und schon heute gibt es Meinungsäußerungen, die geeignet sind, das Gewissen sehr schnell wieder zu beruhigen. Doch hören wir dazu die durchaus nicht einheitlichen Meinungen führender Atomphysiker, die während einer Konferenz in Sizilien einige Interviews gaben, die vom ARD am 1.9.1982 ausgestrahlt wurden:

Prof. Teller, einer der Erfinder der Wasserstoffbombe, sagte auf die Frage nach den Überlebenschancen der Menschheit im Fall eines Atomkrieges: „Die Chancen zum Überleben sind ausgezeichnet. Sie sind praktisch völlig sicher."

Der englische Physiker Wood: 10—20 % aller Menschen werden sterben, vor allem bei den Kriegführenden. Hier würden bis 1,2 Milliarden sterben. Aber die Pest habe im 14. Jahrhundert ca. $\frac{1}{3}$ der Menschheit zwischen China und Island dahingerafft, was ohne große Störungen überwunden wurde.

Prof. Garwin, ehemaliger Mitarbeiter von Edward Teller und Forschungsdirektor von IBM, hält beidseitiges Überleben am besten durch Abschreckung gesichert; doch würden 5 % des gegenwärtigen Arsenals zur Zerstörung unserer Zivilisation ausreichen, was in detaillierterer Weise vom Münchner Max-Planck-Physiker Dr. Horst Ahlfeldt speziell für die Auslöschung der europäischen Zivilisation bestätigt wurde.

Dabei war von den ökologischen Nachwirkungen, die zur Vernichtung der gesamten Biosphäre führen können, nicht die Rede.

Doch am Schluß dieser Sendung wurde von den Untersuchungen über den Protonenzerfall berichtet, der, wenn er z.B. durch physikalische „Monopole" genügend katalysiert werden könnte, über 1000 mal mehr Energie und damit auch Zerstörungskraft freisetzen würde als die normalen Kernreaktionen (Interview Prof. Kleinert, FU Berlin).

IV. Läßt sich die Katastrophe vermeiden?
Die Verantwortung des Menschen und der Wissenschaft!

Dieser grobe Überblick zeigt, daß, wenn wir den bisherigen Kurs aus Egoismus, Bequemlichkeit, Gewohnheit und Apathie fortsetzen, unser Weg unausweichlich in steigende Katastrophen und schließlich zum Untergang führen wird. Die ökologische Krise wird bei weiter steigender Weltbevölkerung selbst bei Lösung der dringenden sozialen und Verteilungs-Probleme beschleunigt, sie kann auch durch technische Innovationen infolge des begrenzten Raumes unserer Erde höchstens etwas verzögert werden, aber sie wird schließlich das Damokles-Schwert des atomaren Holocaust auslösen, selbst wenn vorübergehend der Traum einer Vernichtung aller ABC-Waffen erfüllt werden könnte, denn das Wissen und die Möglichkeit neuer Produktion bleiben erhalten. Es ist im Evolutionszeitmaß für uns Menschen nicht erst 5 vor 12, wie auf dem Buchumschlag von Mesarovič & Pestel, sondern die Weltuhr hat bereits begonnen, 12 zu schlagen, und wir können nur hoffen, daß es die 4 warnenden Schläge sind und noch nicht die 12 endgültigen, welche das Ende unserer Tage bedeuten.

Müssen wir also resignieren oder in der verbleibenden Zeit unser Leben als Lustfabrik nützen? Das würde die Katastrophe nur beschleunigen!

Sollen wir unsere Verantwortung in der Wissenschaft durch Stoppen und Einmauern des Erkenntnisprozesses beweisen, wie jener geniale italienische Physiker Ettore Majorana, der im Alter von 31 Jahren 1938 spurlos verschwand und vermutlich in einem Kloster untertauchte, nachdem er an Uranspalt-Versuchen teilgenommen hatte und wahrscheinlich die Gefahr der Atombombe voraussah? Majorana's Opfer hat nichts genützt, und auch Dürrenmatt's Physiker Möbius muß im Irrenhaus bekennen: „Jeder Versuch eines einzelnen, für sich zu lösen, was alle angeht, muß scheitern"!

Fragen wir nochmals nach den Ursachen, um die Therapie zu finden:

Bis in die Neuzeit hinein haben die uralten Prinzipien der biologischen Evolution, nämlich Wettkampf, größere Fitneß und bessere Ausnützung vorhandener Möglichkeiten, auch in der Evolution des Menschen geherrscht (Eibl-Eibesfeldt 1975). Auch die Stifter der großen Weltreligionen, deren Auftreten wohl die markantesten Versuche darstellen, die Entwicklung der Menschheit von einer biologisch-genetisch gesteuerten Evolution auf einen wirklich kulturellen Weg zu bringen, sind in der Praxis weitgehend gescheitert: Die Menschheitsgeschichte ist bis heute die Geschichte der erfolgreichen kriegerischen Eroberer. In den letzten 3400 Jahren waren nur 234 Jahre ohne Krieg! (Röling 1966 in Luck 1976). Und auch im Frieden sind Individual- oder Gruppenegoismus, Gewinn- und Machtstreben herrschende und auf kurze Sicht erfolgversprechende Handlungsmotivationen. Das Wünschen von gestern und die technischen Möglichkeiten von heute und morgen haben uns an den Rand der Katastrophe geführt. Ein radikaler Gesinnungswandel, eine neue Rangordnung der Werte ist notwendig!

Oberster Wert mit absolutem Vorrang sollte die mittelfristige Wohlfahrt und das Überleben der Menschheit sein!

Drei Grundforderungen sind die Voraussetzung für die Vermeidung steigender ökologischer und militärischer Katastrophen und für das Überleben der Menschheit:

1. Die Begrenzung des Wachstums sowohl der menschlichen Bevölkerung durch Familienplanung als auch im Weltdurchschnitt des individuellen Konsums, vor allem des Wirtschaftswachstums der Industrie-Nationen.

2. Die gesamte Menschheit ist als eine soziale Einheit, die gesamte Biosphäre ist als eine ökologische Einheit zu betrachten. Sozial bedeutet hier sowohl die wirtschaftliche Verbundenheit als auch die gegenseitige Verantwortung aller Menschen dieser Erde untereinander und füreinander, sowohl innerhalb der einzelnen politischen bzw. nationalen Gruppierungen als auch zwischen allen Völkern. Auf der Basis unverzichtbarer Grundrechte aller Menschen müssen die verschiedenen Lebens- und Kulturformen der Völker allgemein geachtet und toleriert werden. Ökologisch müssen die natürlichen Kreisläufe und die begrenzten Möglichkeiten unserer Erde beachtet und bereits zerstörte Kreisläufe nach Möglichkeit wieder hergestellt werden.

Kooperation der gesamten Menschheit in sozialer wie in ökologischer Hinsicht ist ein Axiom für unser Überleben (Steenbeck 1967, Luck 1976).

3. Unter Aufrechterhaltung und Schutz ihrer kulturellen Vielfalt muß die gesamte Menschheit auf einige universale ethische Grundwerte verpflichtet werden, die in gegenseitigem Geben und Nehmen ebenso allgemeine Menschenrechte als auch allgemeine Menschenpflichten sind. Diese Grundwerte sind Toleranz im Sinne gegenseitiger Anerkennung und Achtung in Verbindung mit Verantwortung und Nächstenliebe im Sinne von „agape", welches sowohl Liebe als auch Verantwortung bedeutet.

Das Gebot der christlichen Nächstenliebe, der kategorische Imperativ Kant's, die UNO-Charta der Menschenrechte, § 1 der Straßenverkehrsordnung und das aus dem alten Indien stammende Sprichwort „Was Du nicht willst, das man Dir tu, das füg auch keinem andern zu" haben alle diese ethische Grundforderung in teils positiver, teils negativer Formulierung zum Inhalt.

Gerade weil diese Forderungen so alt sind und immer wieder in dieser oder jener Form zitiert werden, wirken sie an dieser Stelle hier trivial, aber jeder weiß von sich selbst und seiner Umgebung, daß wir nicht in einer christlichen, sondern in einer pseudo-christlichen Welt leben. Wenn wir aber überleben wollen, helfen nicht Lippenbekenntnisse und Heuchelei, sondern nur praktisches *Handeln* nach diesen ethischen Grundwerten!

Ist nun die Neuordnung der unser praktisches Handeln beherrschenden Werte nur eine Utopie oder gar eine Illusion? Ist unser Untergang vorprogrammiert?

Nein! Nicht, wenn wir in klarer Erkenntnis der drohenden Gefahren die Menschheit aus ihrer Unwissenheit oder Bewußtseinsverdrängung, aus Gewohnheit und Trägheit herausreißen und ihr die zur Rettung unerläßlichen obersten Grundwerte zielbewußt einprägen!

Wir sind keineswegs für unseren Untergang zwangsläufig vorprogrammiert, sondern haben in den archaischen Teilen unseres Gehirns, im Hypothalamus und im limbischen System, nicht nur egoistische und aggressive, sondern auch soziale Instinkte, d.h. angeborene Verhaltensweisen und Emotionen, und außerdem ist der phylogenetisch jüngste und im Laufe der menschlichen Evolution besonders stark entwickelte Hirnteil, unsere Großhirnrinde (Neocortex), als Sitz der Vernunft zugleich der Oberkoordinator im Parlament unserer Motivationen und Handlungsmöglichkeiten (Entscheidungen). Jeder sogenannten „Willensentscheidung" geht ein Abwägen der aus unbewußten Tiefen heraus wirkenden emotionalen Antriebe mit oder gegen vernunftgemäße Überlegungen oder eingeprägte Wertempfindungen voraus, oft ohne voll in unserem Bewußtsein repräsentiert zu sein, und die Entscheidung wird stets in die Richtung fallen, wo am meisten Befriedigung oder am wenigsten Unbehagen zu erwarten ist. Befriedigung bedeutet dabei nicht nur primitive, archaische Triebbefriedigung, sondern auch die moralische Befriedigung eines „guten Gewissens" und einer Anerkennung in der Gesellschaft, Unbehagen kann neben körperlichen Unannehmlichkeiten auch ein „schlechtes Gewissen" oder Reue bedeuten, wie sie nicht nur nach Vernachlässigung eines gebotenen, sondern auch nach der Entscheidung zwischen mehreren positiv empfundenen Werten durch die nicht „ausgewählten" Werte entstehen können.

Es kommt also alles darauf an, das oberste Ziel eines Überlebens der Menschheit unter erträglichen Bedingungen und vor allem die dazu notwendigen ethischen Grundwerte der gegenseitigen Achtung, Verantwortung und Nächstenliebe (Partnerschaft) jedem Menschen verstandesmäßig und gefühlsmäßig zum Bewußtsein zu bringen, so daß sie im Parlament der Motivationen einen beherrschenden Platz einnehmen. Vergleichen wir die Ergebnisse der Verhaltensforscher, besonders von Konrad Lorenz (u.a. 1973), Eibl-Eibesfeldt (1970, 1973, 1975), Wickler (1969, 1971), Hassenstein (1973) über die Bedingungen und Möglichkeiten einer Förderung oder Unterdrückung sozialer Verhaltensweisen, so müssen wir feststellen, daß Förderungsmöglichkeiten in unserer Gesellschaft vielfach nicht genützt werden, aber Erschwerung oder gar Unterdrückung sozialer Verhaltensmotivationen durch Zwang zum Streß (z.B. in den Schulen, Numerus clausus!), durch die Praxis unserer Wirtschaft, durch zu starke Einengung des individuellen räumlichen und geistigen „Territoriums" häufig zu beobachten sind.

Auch die Auswahl der Kinderspielzeuge vom Zinnsoldaten bis zur Atomrakete, Gewaltdarstellungen selbst in Jugendschriften, Kinos und im Fernsehen, die gesamte industrielle und gewerbliche Werbung sowie das Niveau von Wahlkämpfen begünstigen eine Manipulation in die falsche Richtung.

Die Erziehung zu den ethischen Grundforderungen sollte im Einklang mit unseren natürlichen sozialen Anlagen und Interessen erfolgen. Die Prägung beginnt, wie Spitz (1950, 1965), Christa Meves in vielen Schriften und B. Hassenstein in seiner umfassenden „Biologie des Kindes" (1973) dargestellt haben, bereits im 1. Lebensjahr, in welchem durch die Mutter-Kind-Beziehung das Fundament des „Urvertrauens" (Erikson 1966) und der sozialen Bindungsfähigkeit gelegt wird. Eibl-Eibesfeldt (1970: 252) bezeichnet die Mutter-Kind-Beziehung in den ersten Lebensjahren geradezu als den „Kristallisationskern der menschlichen Gemeinschaft".

Die Atmosphäre und das Vorbild im Elternhaus und im weiteren Lebensmilieu des heranwachsenden Kindes sind wichtig, und von besonderer Bedeutung ist die Zeit der Pubertät als die Periode, in welcher der junge Mensch eigene Werte und Lebensziele sucht. Wo findet er in dieser kritischen Zeit heute Wegweiser?

Verantwortung für den eigenen Lebensweg, für seine Mit- und Umwelt setzt ein ausreichendes *Wissen* voraus über das, was man verantworten kann, darf oder muß! Hier ist eine ganz wesentliche Voraussetzung eine völlige Neuordnung unseres gesamten Bildungssystems von der Grundschule bis zur Universität, Berufs- und Volkshochschule sowie im Informationsgehalt der öffentlichen Medien.

In meiner Studentenzeit mußten alle künftigen Lehrer ein Philosophicum ablegen. Heute sollten in jeder Schulart und in jeder Hochschule für alle Fakultäten, – auch für Theologen! –, als „Studium generale" ökologische Grundkenntnisse und Betrachtungsweisen als nicht-abwählbares Pflichtfach vermittelt werden, und zwar gerade auch für Nicht-Biologen, denn jeder einzelne von uns hat heute im persönlichen Leben, im Beruf, als Wähler oder Politiker ökologische Entscheidungen zu fällen und mitzutragen! Und mit einer ökologischen Betrachtungsweise ist zwangsläufig die Einsicht in die Verantwortung verbunden! Und wenn die gesamte Menschheit als eine durch viele Wechselwirkungen verbundene Einheit dargestellt wird, müssen zwangsläufig auch ihre verschiedenen Lebensformen, ihre Religionen, ihre Kulturen und ihre Nöte mitbehandelt werden.

Nicht *nur* auf „Effizienz", die sich in Zensuren und Produktionssteigerungen ausdrücken läßt, sollten wir unsere junge Generation drillen, sondern wir sollten *auch* ihr Weltverständnis und ihre Rolle als verantwortliche *Weltbürger* fördern, wir sollten weniger zum „Haben" und mehr zum „Sein" – im Sinne von Erich Fromm (1976) – erziehen!

Sie werden nun sagen, das alles sei eine reine Utopie, denn all die vielen Bücher und Reden über die hier behandelten Probleme und Vorschläge hätten bisher keine praktischen Auswirkungen gehabt. Einzelpersonen oder kleine Vereinigungen wie wir könnten gegen den allgemeinen Trend nichts ausrichten.

Aus zweierlei Gründen muß ich einer solchen Resignation widersprechen:
1. Es gibt genügend Beispiele, daß selbst Einzelpersonen den Wertekatalog großer Menschengruppen nachhaltig beeinflußt haben. Die großen Religionsstifter haben z.B. ihre Ideen zunächst im Gegensatz zur herrschenden Meinung verkündet!

Mahatma Gandhi sei als weiteres Beispiel für eine friedliche Durchsetzung der Ideale von Toleranz und Freiheit genannt.

Karl Marx hat als Philosoph die Menschheit bis heute in Atem gehalten (allerdings nicht mit Friedensparolen!).

E. F. Schumacher (1974) hat seine sozialen Reformideen als Berater der englischen Regierung, als Organisator einer wirklichen Entwicklungshilfe und durch praktische Versuche im Mutterland in die Tat umgesetzt, allerdings noch keine Wirkung im ganzen Land erzielen können.

Im Rahmen unserer Gesellschaft erinnere ich hier nur an unsere Mitglieder Max Born, dessen 100. Geburtstag wir heute feiern, und an Konrad Lorenz, der als Verhaltensforscher, durch die evolutionäre Deutung des Kant'schen „A priori" und als Vertreter ökologischer Betrachtungsweise unser Denken stark reformiert hat, ferner an Eduard Pestel und den Club of Rome, der weltweit die Menschheit auf die drohenden Gefahren aufmerksam gemacht hat.

Auch Bernhard Hassenstein, dem vor einem Jahr die Max-Born-Medaille verliehen wurde, hat nicht nur aus den bisherigen wissenschaftlichen Ergebnissen über die Verhaltensbiologie des Kindes theoretische Folgerungen gezogen, sondern diese zum Teil gemeinsam mit seiner Frau in die Tat umgesetzt (B. & H. Hassenstein 1978, H. Hassenstein 1981). Ferner hat er als Organisator und Vorsitzender eines interdisziplinären Teams teils in Opposition gegen, zum großen Teil aber in intensiver Zusammenarbeit mit dem zuständigen Minister und den Verwaltungsbehörden zahlreiche Empfehlungen für das Schulwesen erarbeitet und sich auf politischer Ebene um deren Verwirklichung bemüht (B. Hassenstein 1981).

2. Aber gibt nicht auch ein Rückblick auf die Geschichte der Neuzeit Anlaß zu einigen Hoffungen? Hat sich nicht die soziale Ordnung in weiten Bereichen der Welt trotz vieler Rückschläge aus strenger Hierarchie zur Demokratie entwickelt, haben wir nicht in der UNO und ihren Fachorganisationen schon die Idee einer Weltkooperation, die freilich noch sehr entscheidend gestärkt werden müßte?

Hat nicht das ökologische Bewußtsein in wenigen Jahren große Fortschritte gemacht? Nach Frederic Vester (1972) haben demoskopische Umfragen ergeben, daß Ende 1970 noch 59%, 1972 aber nur 8% der Bevölkerung noch nie etwas von Umweltschutz gehört hatten. Und heute stehen Umweltfragen in allen Werbebranchen hoch im Kurs – leider oft mit dem für Werbung häufig verbundenen Mangel an Wahrheitsgehalt!

Vor allem aber, ist nicht in großen Teilen der heutigen Jugend in aller Welt die Sehnsucht und der Wille nach neuen Lebensformen im Sinne der oben angedeuteten Reformen und Grundwerte äußerst lebendig, bei uns wie in den USA oder auch im Ostblock, soweit dort solche Ideen geäußert werden dürfen? Sie sagen, meine Damen und Herren, diese Jugend sei chaotisch, weil sie kein realisierbares Konzept habe und die Kinder mit den Bädern ausschütte? Haben wir Alten denn bisher ein Konzept praktiziert außer dem, welches mit Sicherheit in den Abgrund führt? Sollten wir nicht lieber versuchen, *gemeinsam* eine Zukunftschance für unsere Kinder und Enkel zu suchen und zu realisieren? Vielleicht durch eine kritische Prüfung der Ideen E. F. Schumachers und durch neue ökologische Konzeptionen der Ökonomie, Soziologie, durch eine ökologisch orientierte Psychologie und Pädagogik?

Vor allem sind alle offenen Probleme um die Herkunft und Zurückführung der Grundwerte von Toleranz, Verantwortung und Nächstenliebe auf genetische, soziale („Prägung"), religiöse oder Vernunftgründe auf interdisziplinären Fachtagungen zu diskutieren, aber nicht als Gegensätze in die Öffentlichkeit zu tragen. Denn in der Praxis weisen Religion, (Natur-)Wissenschaft und Vernunft in die gleiche Richtung, was uns zu Gesinnungsgemeinschaften zusammenführen sollte, die allmählich immer weitere Kreise und damit schließlich auch die Politiker erfassen müssen.

Auch für die internationale Verständigung kann jeder etwas tun:

Wir haben Gastarbeiter *aus* und Ferienziele *in* Ländern mit verschiedenen religiösen Bekenntnissen, Kulturen und sozialen Verhältnissen, aber was lernen wir von ihnen und über sie aus eigener Initiative, im persönlichen Verkehr oder in unseren Bildungsinstitutionen?

Jede neue Wahrheit, hat Thomas Huxley gesagt, beginne als Ketzerei und ende als Orthodoxie! Sehen wir zu, daß der neue ökologische Aspekt sich genügend schnell aus dem Stadium der Ketzerei zur Öffentlichen Meinung entfaltet und durch ständig neue Erkenntnisse den Tod als Orthodoxie vermeidet!

Blicken wir zum Schluß noch einmal kurz zurück: Carsten Bresch (1977) hat gesagt, der Mensch stehe heute in einer neuen Phase der Evolution, nämlich mitten in der Evolution der Welt 3 von Popper, d.h. der intellektuellen Stufe oder des geistigen Reiches. Die vergleichbare Situation, die Evolution der organisch-biologischen Stufe aus der anorganischen, liege Milliarden Jahre zurück! Wir lebten geradezu in einem Wirbelsturm der Evolution, in einer schmerzhaft einzigartigen Zeit evolutionären Durchbruchs (Bresch 1978): Vor 6000 Jahren sei durch Erfindung der Schrift die Speicherkapazität des Gehirns, seit 1941 seien durch die Erfindung des Computers auch die genetisch bedingten Grenzen der Informationsverarbeitung des Gehirns überschritten! Ob die Vision von Carsten Bresch, die Evolution eines von ihm „MONON" genannten, in Harmonie von Vernunft und Gefühl strukturierten und lebenden „Überorganismus Menschheit" je erfüllt werden wird, hängt von uns Menschen selbst ab! Nützen wir diese seit Entstehung unserer Erde erstmalige und einzigartige Chance einer wirklich final gesteuerten Evolution und hoffen wir, daß wir den richtigen Kompaß nicht nur als Herren, sondern als Diener und Mitglieder der evolutionären „Schöpfung" finden und ihm folgen können!

V. Die Aufgabe der Wissenschaft und der Wissenschaftler

Zum Schluß noch ein paar Worte und Vorschläge über die Rolle der Wissenschaft bei der Lösung unserer gegenwärtigen Krisen und Befürchtungen.

Zweifellos ist die Zersplitterung der Wissenschaft in Natur- und Geisteswissenschaften und innerhalb dieser Halbheiten wieder in immer kleinere Fachbereiche und Spezialfächer die Ursache für den Verlust unseres einheitlichen wissenschaftlichen Weltbildes, in welchem die Rolle des Menschen sowohl als Glied der Natur als auch als Ausgangspunkt unserer Weltschau von allen Aspekten aus betrachtet und untersucht werden sollte.

Von außen her hat die UNESCO durch das „Internationale Biologische Programm" und jetzt durch „Man and Biosphere" eine interdisziplinäre internationale Zusammenarbeit wenigstens auf wichtigen Teilgebieten in Gang gebracht.

Innerhalb der Wissenschaft selbst hat die Evolutionstheorie den Zusammenhang aller Teilgebiete der Wissenschaft wieder zum Bewußtsein gebracht. Die Ontologie Nicolai Hartmanns (1964), d.h. der Schichtenaufbau der realen Welt, wird als Stufen der Evolution gedeutet, wobei die Gesetze der niederen Stufen auch in den höheren Schichten Gültigkeit haben, in jeder neuen Schicht aber durch Komplexierung und Koordination vorher getrennter System-Einheiten völlig neue System-Eigenschaften entstanden sind. Allerdings können wir die von Konrad Lorenz als „Fulguration" bezeichnete Entstehung neuer Systemeigenschaften auf jeder neuen Evolutions-Ebene nicht wirklich verstehen. Der enge Zusammenhang zwischen Geistes- und Naturwissenschaften wird auch heute noch von einem großen Teil der Wissenschaftler nicht beachtet oder sogar bestritten.

Hier könnte man zwar auf eine logische „Evolution" der Gesamt-Wissenschaft vertrauen, aber die Atom- und Ökologie-Krise mit Einschluß ihrer ökonomischen, sozialen und Existenz-Folgen drängen zu einer sofortigen Neukonzeption und Koordinierung der zahllosen Einzelforschungen unter einem zentralen Thema, welches ich „Die Ökologie des Menschen" oder eine „Ökologische Anthropologie" oder einfach eine „Gesamtwissenschaftliche Anthropologie" nennen möchte.

Unser Kuratoriumsmitglied Hans Schaefer (1974) hat vor 8 Jahren im Auftrag der „Vereinigung Deutscher Wissenschaftler" eine interdisziplinäre Studie „Folgen der Zivilisation – Therapie oder Untergang" herausgegeben, die vorwiegend die medizinischen Probleme behandelt, aber wichtigste Gebiete, z.B. die Psychologie, ausläßt. Diese Studie müßte jetzt nach fast 10 Jahren auf den neuesten Stand gebracht und ergänzt werden. Die gesamten Folgen unserer Zivilisation auf die Psyche und das Verhalten der Menschen bedürfen dringend interdisziplinärer Untersuchungen.

Es fehlt sehr dringend eine ökonomische Theorie des „Nullwachstums", d.h. des ökonomisch-ökologischen Gleichgewichtes! Kann man eine Förderung der immer weiter fortschreitenden Automatisierung = Rationalisierung, vor allem in der Großindustrie, befürworten, wenn neue Investitionen zu immer weniger Arbeitsplätzen führen? Oder sollte man sich unter ökonomischen und „humanen" Gesichtspunkten nicht kritisch mit den Vorschlägen von E.F. Schumacher (1974) auseinandersetzen, die ich durch einige Stichworte kurz andeuten möchte:

„Statt Massenproduktion – Produktion durch die Massen";
„Intermediate Technology", sowohl bei uns als auch vor allem in der Entwicklungshilfe;
„je größer, je besser" als falscher Mythos des 20. Jahrhunderts.

Oder sollte man einfach bei fortschreitender Automatisierung die Arbeit anders verteilen? Dies alles bedarf sorgfältiger Untersuchungen! Meines Wissens fehlt auch eine umfassende Studie über die langfristigen Folgen der intensiven Landwirtschaft für das agrarische Ökosystem und seine langfristige Produktionsfähigkeit in verschiedenen Klimabereichen und auf verschiedenen Böden. Die in den Tropen bereits durchgeführten und weiter geplanten Praktiken haben bereits gezeigt, daß globale Extrapolationen der als „Grüne Revolution" bezeichneten regionalen Erfolge in der Landwirtschaft zu verhängnisvollen Fehleinschätzungen der oberen Tragekapazität der Erde führen (cf. Weischet 1977, 1981).

Dies sind nur einige Teilfragen aus einer „Ökologie des Menschen".

Unsere „Gesellschaft für Verantwortung in der Wissenschaft" ist ursprünglich gegründet aus Protest gegen die Atombombe und gegen den Mißbrauch der Wissenschaft in der Technik zum Schaden der menschlichen Gesellschaft. Heute müssen wir vor allem gegen die Anwendung der Atombomben zu wirken versuchen, d.h. für die Erhaltung des Friedens. Wir meinen dabei natürlich nicht nur Freiheit von Krieg, sondern einen Frieden in Freiheit und in gegenseitigem Vertrauen. Das wirft Probleme auf, die in der Öffentlichkeit, aber auch von den Autoren dieses Buches zum Teil kontrovers diskutiert werden.

Besinnen wir uns rückblickend und zusammenfassend noch einmal, welche Orientierungsmöglichkeiten, welcher Kompaß uns zur Verfügung steht für unseren schwierigen Weg auf dem Grat zwischen übersteigerten Ansprüchen und technischem „Fortschritt" auf der einen und Ausbeutung, Erschöpfung und Bedrohung der Natur auf der anderen Seite, zwischen Krieg und Frieden, zwischen Existenzsicherung und Untergang:

Wir haben gesehen, daß sich aus Wissenschaft (einschließlich Evolutionstheorie) keine Handlungsanweisungen für die menschliche Gesellschaft extrapolieren lassen, außer Warnschildern, die wir beachten müssen, wollen wir auf unserer Gratwanderung nicht abstürzen! Auch religiös begründete Gebote und Verbote werden nur regional und nicht universal anerkannt und außerdem oft von unseren angeborenen Verhaltensweisen überspielt. Irrationale Emotionen brechen offenbar stets aus den unbewußten Tiefen unserer genetisch verankerten oder im Rahmen unserer genetischen Reaktionsnorm erworbenen „Vorurteile" hervor und können uns, da die genetischen Anlagen in grauer Vorzeit unter ganz anderen Rahmenbedingungen entstanden sind, häufiger jäh ins Unglück stürzen als uns vor Fehltritten bewahren. In jedem Fall bedürfen sie rationaler Kontrolle, so daß aus irrationalen Emotionen ein wohl durchdachtes Engagement wird. Dazu brauchen wir Wissen und Erfahrung, d.h. unsere Vernunft. Unser Wissen als Vorbedingung zu vernünftigem Handeln stammt aus der Wissenschaft, und da unser Wissen besonders auf ökologischem und psychologischem Gebiet infolge der komplexen Systembedingungen noch sehr unvollständig ist, bleibt nicht nur unser Weg gefährlich, sondern auch das anzusteuernde Nahziel ungewiß und umstritten. Aber es gibt für uns Menschen keine andere Wegsicherung als Wissenschaft und Vernunft! Hier liegt die große Verantwortung des Wissenschaftlers!

Dabei sollten wir unterscheiden:

1. „Verantwortung innerhalb der Wissenschaft", und
2. „Verantwortung = Aufgabe *der* Wissenschaft (bzw. der Wissenschaftler) für die Zukunft der Menschheit".

Man hört oft die Forderung, in Notzeiten solle man die Forderung der Wissenschaft auf die Lösung aktuell anstehender, öffentlicher (= gesellschaftlicher) Probleme beschränken, aber nicht Geld und Zeit an die Grundlagenforschung verschwenden, die mit neuen Ergebnissen auch neue Gefahren (wie die Atomphysik) bringe. Das würde eine Verstopfung der Hauptquellen jedes wissenschaftlichen Fortschritts bedeuten!

Verantwortung *in* der Wissenschaft kann niemals in der Einschränkung der sog. „Grundlagenforschung", d.h. der Suche nach den Grundgesetzen der Natur und unserer Existenz, bestehen, sondern höchstens in einer Kritik mancher ihrer Methoden. Gesetze der Natur werden vom Menschen nicht „gemacht", sondern nur gefunden! Das ist eine Aufgabe des Menschen als Mensch!

Diese „Grundlagenforschung" sammelt unser gesamtes Wissen gewissermaßen in einem großen Stausee, aus welchem es für die verschiedensten Zwecke geschöpft und verwendet werden kann.

Die primäre Verantwortung des Wissenschaftlers beruht auf Einhaltung des „wissenschaftlichen Ethos" (Mohr 1977, 1981) zur Erlangung von „zuverlässigem Wissen", das als „Wenn – dann – Sätze" zuverlässige Aussagen erlaubt.

Sobald wir aber „Zweckforschung" treiben, d.h. Forschung für bestimmte zu realisierende praktische Anwendungen, müssen wir schon *vor* der Stellung des Themas nach der gesellschaftlichen Relevanz und eventuellem Schaden für den Menschen und die Biosphäre fragen. Was wir allerdings gegen den Mißbrauch der Wissenschaft außer eigener Enthaltsamkeit und öffentlicher Warnung unternehmen können, bleibt in jedem Einzelfall zu überlegen.

Im Hinblick auf die „Verantwortung der Wissenschaft für die Zukunft der Menschheit" habe ich bereits oben einige Gedanken geäußert. Ich halte es, – abgesehen von aktuellen Problemen, wie der Energie-, Nahrungs- und Gesundheits-Sicherung sowie des Naturschutzes –, für die vordringlichste Aufgabe, näheren Einblick in das Zusammenspiel von angeborenen Verhaltensweisen und deren rationaler Kontrolle, d.h. in die Wechselwirkungen zwischen den archaischen Gehirnteilen und dem Neocortex (Großhirnrinde) zu gewinnen und die Möglichkeit einer Förderung „vernunftgemäßer" Steuerung menschlichen Verhaltens zu ergründen, ohne welche eine Reform unserer im Alltag wirksamen Handlungsmotive eine Utopie bleibt.

Wie wirkt sich die zunehmende Verarmung der uns umgebenden Natur und ihr fortschreitender Ersatz durch eine vom Menschen geschaffene „Zivilisations"-Umgebung auf die menschliche Psyche aus – wieviel „Natur" brauchen wir für unser seelisches Wohlergehen auf lange Sicht? Zerstören wir mit der uns umgebenden Natur nicht unsere eigenen Existenzgrundlagen? Das sind Fragen, von deren Lösung die Zukunft der Menschheit abhängen wird!

Videant consules!

VI. Zusammenfassung

Lassen Sie mich das Gesagte noch einmal kurz als persönliches Bekenntnis zusammenfassen:

Der Mensch ist *schicksalhaft*, nicht *schuldhaft* im Verlauf der Evolution mit der Fähigkeit zum teleologischen Denken ausgestattet und dadurch zum Mitgestalter der Evolution bzw. Schöpfung geworden. Daher lastet eine ungeheure Verantwortung auf uns!

Unser genetisch unter völlig anderen Rahmenbedingungen erworbenes Verhaltensrepertoire würde uns im Verein mit der Technik und Machtfülle von heute in die Katastrophe führen, wenn es nicht gelingt, die sozialen angeborenen Verhaltenskomponenten sowie unsere Vernunft soweit zu aktivieren, daß egoistische Antriebe durch Nächstenliebe und Verantwortungsbewußtsein in einem für das Überleben der Menschheit notwendigen Ausmaß eingeschränkt werden. Das Auftreten der großen Religionsstifter kann als ein Versuch gewertet werden, die Menschen aus einer genetisch-biologischen Evolutionsperiode zu einer wirklich kulturellen Evolution zu bringen. Für uns Christen kann Nächstenliebe als hoher ethischer Wert nur Verantwortung für die Schöpfung, d.h. die gesamte Biosphäre, bedeuten.

Dieser Übergang von der genetisch-biologischen zu einer wahrhaft kulturellen, nach ethischen Grundwerten ausgerichteten Evolution ist uns bisher nicht in einem zum Überleben erforderlichen Ausmaß gelungen. Wir sind nach wie vor Glieder der Biosphäre und den Naturgesetzen unterworfen. Trotz aller wissenschaftlichen und technischen Innovationen, die für eine im Evolutions-Zeitmaß kurze Periode den Ablauf unseres Schicksals modifizieren können, bleiben die ökologischen Wachstumsgesetze und der beschränkte Raum der Erde für unsere Zukunft bestimmend! Wir dürfen die Hände nicht untätig in den Schoß legen – kein „Deus ex machina" (bzw. aus unserem Großhirn) wird unseretwegen die Naturgesetze ändern! Aber ich muß mich auf den „göttlichen" Auftrag in mir abseits der Hektik des Alltags in der Stille besinnen!

Nicht *egoistische* „Selbstverwirklichung", sondern Sinnerfüllung des Lebens durch Verantwortung und Liebe (im Sinne von agape) sollten wir suchen! Denken wir daran, welche Verantwortung nicht nur der Politiker, sondern jeder einzelne von uns für das weitere Schicksal unserer Erde trägt! Wir alle sind Mitgestalter der Evolution, bzw. der Schöpfung!

Literatur

Bresch, C.: Zwischenstufe Leben. Evolution ohne Ziel? – R. Piper und Co., München 1977.
– Was ist Evolution? – In „Zufall und Gesetz in der Evolution des Lebens", Herrenalber Texte 9: 11–33 (Hrsg. W. Böhme) 1978.
Eibl-Eibesfeldt, I.: Liebe und Haß. Zur Naturgeschichte elementarer Verhaltensweisen. – R. Piper & Co., München 1970.

– Der vorprogrammierte Mensch. Das Ererbte als bestimmender Faktor im menschlichen Verhalten. – Molden, Wien 1973.
– Krieg und Frieden aus der Sicht der Verhaltensforschung. – R. Piper & Co., München 1975.
Erikson, E. H.: Wachstum und Krisen der gesunden Persönlichkeit. – Klett, Stuttgart 1953.
– Ontogeny of Ritualization in Man. – Philosoph. Trans. Roy. Soc. London B, 251: 337–349 (1966).
Fromm, E.: Haben oder Sein. Die seelischen Grundlagen einer neuen Gesellschaft. – 6. Aufl. Deutsche Verlags-Anstalt, Stuttgart 1977.
v. Glasenapp, H.: Die fünf Weltreligionen. – E. Diederichs, Düsseldorf/Köln 1963
Global 2000: 31. Aufl., Verlag Zweitausendeins, Frankfurt/M. 1981.
Hartmann, N.: Der Aufbau der realen Welt. – de Gruyter, Berlin 1964.
Hassenstein, B.: Verhaltensbiologie des Kindes. – R. Piper & Co., München 1973.
Hassenstein, B.: (Hrsg.) Schulkinder-Hilfen. Das Empfehlungswerk der Kommission „Anwalt des Kindes Baden-Württemberg" – Hansisches Verlagskontor, Lübeck 1981.
Hassenstein, B. & H.: Was Kindern zusteht. – R. Piper & Co., München 1978.
Hassenstein, H.: Das Modell-Projekt „Mutter und Kind". Eine Hilfe für die alleinerziehende Mutter und ihr Kind. – Sozialpädiatrie in Praxis und Klinik 3: 537–540 (1981).
Kant, I.: Kritik der reinen Vernunft. – 2. Aufl., Riga 1787.
– Kritik der praktischen Vernunft.
– Kritik der Urteilskraft. – 3. Aufl., Berlin 1799.
Lorenz, K.: Die Rückseite des Spiegels – Versuch einer Naturgeschichte menschlichen Erkennens. – R. Piper & Co., München 1973.
Luck, W. A. P.: Homo investigans. Der soziale Wissenschaftler. – D. Steinkopff, Darmstadt 1976.
Markl, H.: Zum 100. Todesjahr von Charles R. Darwin: Anpassung und Fortschritt: Evolution aus dem Widerspruch. – Vortragsmanuskript, Gesellschaft Deutscher Naturforscher und Ärzte, Versammlung 1982 in Mannheim (1982).
Mensching, G.: Gut und Böse im Glauben der Völker. – J. C. Hinrichs, Leipzig 1941.
Mesarovič, M. & Pestel, E.: Menschheit am Wendepunkt. 2. Bericht an den Club of Rome zur Weltlage. – Deutsche Verlagsanstalt, Stuttgart 1974.
Meves, Chr.: Verhaltensstörungen bei Kindern. – R. Piper & Co., München 1971.
Mohr, H.: Structure and Significance of Science. – Springer, New York, Heidelberg 1977.
– Biologische Erkenntnis, ihre Entstehung und Bedeutung. – Teubners Studienbücher der Biologie, Stuttgart 1981.
Monod, J.: Zufall und Notwendigkeit. Philosophische Fragen der modernen Biologie. – Deutsche Ausgabe, R. Piper & Co., München 1971.
Osche, G.: Vom Tier zum Menschen. – Schlüsselereignisse der morphologischen und verhaltensbiologischen Evolution. – In: Freiburger Vorlesungen zur Biologie des Menschen, S. 7–32, Quelle & Meyer, Heidelberg 1979a.
– Kulturelle Evolution: biologische Wurzeln, Vergleich ihrer Mechanismen mit denen des biologischen Evolutionsgeschehens. – Ebenda, S. 33–50. 1979b.

Popper, Karl R.: Ausgangspunkte. Meine intellektuelle Entwicklung. – Hoffmann & Campe, Hamburg 1979.
Popper, Karl R. & Eccles, John C.: Das Ich und sein Gehirn. – R. Piper & Co., München 1982.
Röhling, B. V. A.: Über IPRA und über die Friedenswissenschaft; Vortrag auf der Tagung der Vereinigung Deutscher Wissenschaftler in München 1966. – (zitiert aus W. Luck 1976).
Schell, J.: Das Schicksal der Erde. Gefahr und Folgen eines Atomkrieges. – 3. Aufl., R. Piper & Co., München 1982.
Schumacher, E. F.: Es geht auch anders. Jenseits des Wachstums. Technik und Wirtschaft nach Menschenmaß. – Desch, München 1974.
Spitz, R.: Anxiety in Infancy. – Int. J. Psycho-Anal. 32: 139–143 (1950).
– The First Year of Life. – Int. Univ. Press, New York 1965.
Steenbeck, M.: Wissen und Verantwortung (1967). – Berlin und Weimar (zitiert aus W. Luck 1976).
Teilhard de Chardin, P.: Der Mensch im Kosmos. – Beck, München 1959.
– Die lebendige Macht der Evolution. – Band 7 der „Werke von Teilhard de Chardin", Walter-Verlag A.G., Olten u. Freiburg/Br. 1967.
Thienemann, A.: Leben und Umwelt. Vom Gesamthaushalt der Natur. – Rowohlt, Hamburg 1956.
Vester, F.: Das Überlebensprogramm. – Kindler, München 1972.
Wahrig, G.: Deutsches Wörterbuch. – Bertelsmann-Lexikon-Verlag, Gütersloh 1968.
Weischet, W.: Die ökologische Benachteiligung der Tropen. – Teubner, Stuttgart 1977.
– Die Grüne Revolution. Erfolg, Möglichkeiten und Grenzen in ökologischer Sicht. – Ferdinand Schöningh, Paderborn (Blutenburg-Verlag, München) 1981.
Wickler, W.: Sind wir Sünder? Naturgesetze der Ehe. – Droemer-Knaur, München 1969.
– Die Biologie der Zehn Gebote. – R. Piper & Co., München 1971.